职业技术教育紧缺型人才培养与产教融合特色系列教材

核电管道安装
（智媒体版）

主　编◎张　龙　　王治川
副主编◎马金海　陆　伟　赵崇科　唐海霞

西南交通大学出版社
·成都·

图书在版编目（CIP）数据

核电管道安装：智媒体版 / 张龙，王治川主编. 成都：西南交通大学出版社，2024. 11. -- ISBN 978-7-5774-0238-3

Ⅰ．TM623.4

中国国家版本馆CIP数据核字第2024HW0844号

Hedian Guandao Anzhuang（Zhimeiti Ban）

核电管道安装（智媒体版）

主　编 / 张　龙　王治川

策划编辑 / 李晓辉
责任编辑 / 张华敏
封面设计 / 吴　兵

西南交通大学出版社出版发行
（四川省成都市金牛区二环路北一段111号西南交通大学创新大厦21楼　610031）
营销部电话：028-87600564　　028-87600533
网址：http://www.xnjdcbs.com
印刷：四川森林印务有限责任公司

成品尺寸　185 mm×260 mm
印张　14.5　　字数　314千
版次　2024年11月第1版　　印次　2024年11月第1次

书号　ISBN 978-7-5774-0238-3
定价　46.00元

课件咨询电话：028-81435775
图书如有印装质量问题　本社负责退换
版权所有　盗版必究　举报电话：028-87600562

前言 PREFACE

核电是一种清洁、高效的能源，对于缓解能源危机和减少环境污染具有重要意义。在核电站的建设过程中，管道系统是连接各个设备和工艺的关键部分，犹如人体的血管，纵横交错，它串起了整个生产工艺系统，对于保证核电站的安全、稳定运行具有重要作用。

本书基于核电站建设对管道操作工的培训要求，结合国家职业标准，按工业管道施工流程组织教学内容，理论与实践并重，目的是培养学生掌握管道安装工程施工技术，树立"质量第一、安全第一"的绿色施工意识。

全书共分九章，内容包括：管道工程概论、管道工程识图、管道工程常用材料及机具、管道支架预制与安装、管道预制、核电管道安装施工技术、阀门安装技术、核电管道的试验与吹洗、核电管道工程施工管理；书末附录是管道安装工程的经验及安全事故案例。

本书可作为职业院校机电工程类专业的教材，亦可用于管工技能培训教材。

本书由张龙、王治川担任主编，由马金海、陆伟、赵崇科、唐海霞担任副主编。其中，第一章、第八章由张龙编写，第四章、第六章由王治川编写，第五章、第九章由马金海编写，第七章由陆伟编写，第二章由唐海霞编写，第三章由赵崇科编写。

在本书编写过程中，借鉴并引用了国内部分同行的书籍和文献资料，在此表示衷心感谢。

由于时间仓促，水平有限，书中难免错漏之处，敬请读者批评指正，不胜感激。

编 者
2024 年 8 月

目录

CONTENTS

第一章　管道工程概论…………………………………001
　第一节　概　述…………………………………………002
　第二节　工业管道的分类………………………………004
　第三节　工业管道的识别色和安全标识………………006
　第四节　管道组成件的标准化及常用公式……………010
　第五节　核电管道工程…………………………………013
　思考与练习………………………………………………021

第二章　管道工程识图……………………………………023
　第一节　管道单、双线图及轴测图……………………024
　第二节　管道的剖面图…………………………………030
　第三节　管道施工图的组成……………………………033
　第四节　核岛管道施工图的识读………………………038
　思考与练习………………………………………………047

第三章　管道工程常用材料及机具………………………049
　第一节　管道及其附件…………………………………050
　第二节　管道工程常用的辅助材料……………………056
　第三节　管道工程安装常用的工量具…………………060
　思考与练习………………………………………………070

第四章　管道支架预制与安装……………………………071
　第一节　管架概述………………………………………072
　第二节　管架预制………………………………………077
　第三节　管架的安装……………………………………080
　第四节　支架安装的技术要求…………………………083
　第五节　特殊支架的安装………………………………090
　思考与练习………………………………………………094

第五章　管道预制…………………………………………095
　第一节　管道预制工作概述……………………………096

第二节　管段的量尺和切割下料……………………098
　　第三节　管道坡口加工及焊口组对……………………101
　　第四节　管道校形……………………105
　　第五节　管道的弯制……………………108
　　第六节　管件的放样……………………112
　　思考与练习……………………119

第六章　核电管道安装施工技术……………………121
　　第一节　管道分级与安装流程……………………122
　　第二节　工业管道通用施工技术……………………128
　　第三节　典型工业管道的安装技术……………………137
　　第四节　核电管道在线部件的安装……………………143
　　思考与练习……………………146

第七章　阀门安装技术……………………147
　　第一节　阀门的基础知识……………………148
　　第二节　阀门的结构……………………150
　　第三节　阀门的主要零件及材料……………………156
　　第四节　阀门的性能……………………163
　　第五节　常用阀门介绍……………………165
　　第六节　核电阀门的特点与要求……………………174
　　第七节　阀门的试压、安装、维修与操作……………………178
　　思考与练习……………………182

第八章　核电管道的试验与吹洗……………………183
　　第一节　管道的符合性检查……………………184
　　第二节　管道系统试验……………………184
　　第三节　管道系统的吹扫与冲洗……………………193
　　第四节　管道系统的防腐与保温……………………195
　　思考与练习……………………197

第九章　核电管道工程施工管理……………………199
　　第一节　安全文明施工管理……………………200
　　第二节　质量管理……………………206
　　第三节　班组管理……………………209
　　思考与练习……………………220

参考文献……………………221
附录　管道安装工程经验反馈……………………222

第一章

管道工程概论

- 第一节 概 述 ………………………………… 002
- 第二节 工业管道的分类 …………………… 004
- 第三节 工业管道的识别色和安全标识 …… 006
- 第四节 管道组成件的标准化及常用公式 … 010
- 第五节 核电管道工程 ……………………… 013
- 思考与练习 ………………………………… 021

第一节 概 述

一、管道

管道是用来输送流体（介质）的一种设备，一般是指断面形状为封闭环形、有一定长度和壁厚、外表形状均匀的构件。按其服务对象的不同，管道可以分为工业管道和建筑管道。工业管道用来在工业生产中输送介质，如在石油石化行业中输送石油等，如图1-1(a)所示；建筑管道主要是指民用建筑中的水暖管道，如给排水管道、采暖管道等，用来改变人们的劳动、工作、生活环境及条件，如图1-1(b)所示。

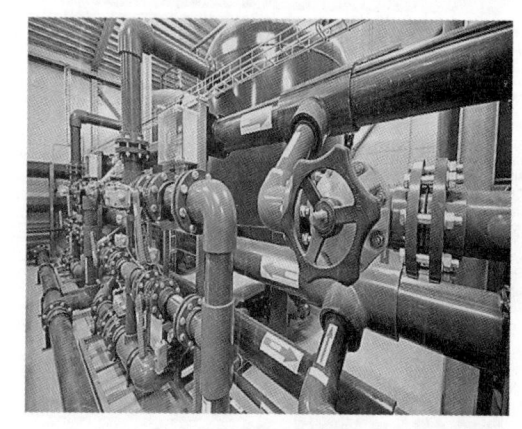

工业管道 　　　　　　　不锈钢管

(a)

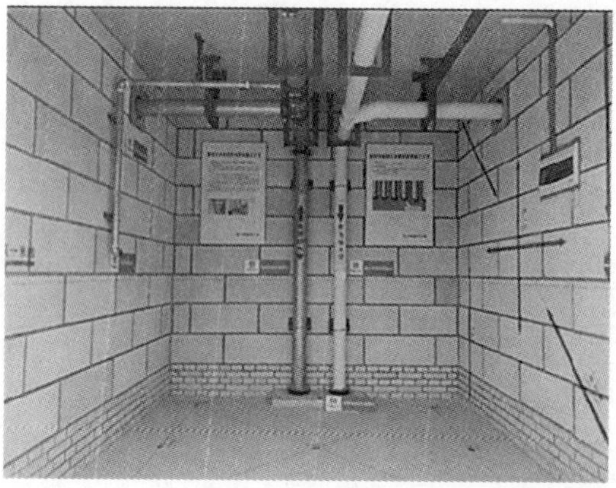

给排水管道 　　　　　　聚乙烯复合管

(b)

图1-1 管道

工业管道（Industrial Piping，也称工业配管）是工业（石油、化工、轻工、制药、矿山等）企业内所有管状设施的总称，它是生产制造各种产品过程中所需的工艺管道、公用工程管道及其他辅助管道。工业管道有一部分属于压力管道，其工作环境复杂多样，输送介质的品种较多、条件较苛刻。工业管道是一个综合系统，它包括连接的设备设施、管子、阀门、管件、支吊架等，是与航空、公路、铁路并称的最重要的运输系统之一。

二、工业管道工程

工业管道工程主要包括三个方面：管道线路工程、站库工程、管道附属工程。

（一）管道线路工程

管道线路工程是用管子、管件、阀门等连接管道起点站、中间站和终点站，构成管道运输线路的工程。它是管道工程的主体部分，主要包括管道本体工程、管道防护结构工程、管道穿跨越工程、线路附属工程等。管道本体工程是由管子及管件组成整体的工程；管道防护结构工程包括管道内、外壁防腐，管道保温层等工程；管道穿跨越工程包括穿越铁路或公路工程、穿跨越河流或峡谷工程、穿山隧道工程以及穿越不良地质地段（如沼泽地、盐渍土地带、地震区和永冻土地带等）工程；线路附属工程包括支线或预留线的管道阀门设施、紧急截断阀门装置、管道排气或排液设施、管道线路检测仪表（如就地检测和远传的压力、温度仪表、清管器通过指示器等）、线路保护和稳管构筑物、地面架设管道的支承结构、线路标志（如里程桩、转角桩、埋设位置标志、穿跨越标志、航空巡视标志）等工程。

（二）站库工程

按站库所处位置，站库可分为起点站（首站）、中间站和终点站（末站）。按输送的介质和作用不同，站库又可分为管道输油站和管道输气站。管道输油站包括增压站、加热站、热泵站、减压站和分输站等；管道输气站包括压气站、调压计量站、配气站等。另外，按自动化管理方式，站库还可以分为就地控制站、分区集中控制站和中央集中控制站。

（三）附属工程

管道附属工程主要包括沿管道线路修建的通信线路工程、供电线路工程、道路工程等。

三、管道安装施工内容

管道安装工作是指根据设计图纸的要求，合理选择管道、管件和附件，按照施工规范和技术要求，将管道、管件和附件组合安装成所需要的管道系统。其主要施工内容有：

(1)材料的验收及管理。
(2)施工准备（人、机、料、法、环）。
(3)放线与下料。
(4)支架预制、定位、安装。
(5)管道预制（坡口打磨、焊口组对）。
(6)管道安装与连接。
(7)阀门及在线部件的安装。
(8)管道系统的试验与吹洗。
(9)质量跟踪文件的填写等。

第二节 工业管道的分类

一、按材料性质分类

工业管道可分为金属管道和非金属管道（见图1-2）。

金属管道　　　　　　玻璃钢管道　　　　　　混凝土管道

图1-2　各种工业管道

（一）金属管道

工业金属管道可以分为碳素钢管道、低合金钢管道、合金钢管道、铝及铝合金管道、铜及铜合金管道、钛及钛合金管道、镍及镍合金管道、锆及锆合金管道。

（二）非金属管道

工业非金属管道可以分为无机非金属管道和有机非金属管道。例如，混凝土、石棉、陶瓷管道等属于无机非金属管道；塑料、玻璃钢、橡胶管道等属于有机非金属管道。

二、按设计压力分类

工业管道输送介质的压力范围很广,可从负压到几百兆帕。以设计压力为主要参数进行分类,工业管道可分为真空管道、低压管道、中压管道、高压管道和超高压管道,见表 1-1。

表 1-1　工业管道按设计压力分类

序号	类别名称	设计压力 P/MPa	序号	类别名称	设计压力 P/MPa
1	真空管道	$P<0$	4	高压管道	$10<P\leqslant 100$
2	低压管道	$0.1\leqslant P\leqslant 1.6$	5	超高压管道	$P>100$
3	中压管道	$1.6<P\leqslant 10$			

三、按输送介质的温度分类

工业管道输送介质的温度差异很大。按输送介质的温度分类,工业管道可以分为低温管道、常温管道、中温管道和高温管道,见表 1-2。

表 1-2　工业管道按介质温度分类

序号	类别名称	介质工作温度 T/℃	序号	类别名称	介质工作温度 T/℃
1	低温管道	$T\leqslant -40$	3	中温管道	$120<T\leqslant 450$
2	常温管道	$-40<T\leqslant 120$	4	高温管道	$T>450$

应特别注意的是,管道是在介质温度和压力长期共同作用下工作的。

四、按管道输送介质的性质分类

按管道输送介质的性质,工业管道可分为给排水管道、压缩空气管道、氢气管道、氧气管道、乙炔管道、热力管道、燃气管道、燃油管道、酸碱管道、制冷管道等。

五、按政府监管分类

按政府监管分类,工业管道分为压力管道和非压力管道。

压力管道是指列入《特种设备目录》的工业管道,其生产(包括设计、制造、安装、改造、修理)实行许可证制度。

非压力管道是指未列入《特种设备目录》和其他特殊要求的管道。例如:消防水管道、生产循环水管道、雨水管道、排污管道等。

六、按输送介质的毒性、危险性分类

工业金属管道依照《压力管道安全技术监察规程——工业管道》的规定,按照设计压力、设计温度、介质毒性程度、腐蚀性和火灾危险性划分为 GC1、GC2、GC3 三个等级。

(一) GC1 级管道

GC1 级管道是指以下几类工业管道:

(1) 输送《职业性接触毒物危害程度分级》(GB 5044—85) 中规定的极度危害介质、高度危害气体介质,例如含有氰化物的气、液管道,液氧充装站的氧气管道等。

(2) 输送工作温度高于标准沸点的高度危害液体介质,例如《石油化工企业设计防火规范》(GB 50160—1999) 及《建筑设计防火规范》(GB 50016—2006) 中规定的火灾危险性为甲、乙类可燃气体或甲类可燃液体(包括液化烃),并且设计压力 $P \geqslant 4.0$ MPa 的管道。

(3) 设计压力 $P \geqslant 10.0$ MPa,或设计压力 $P \geqslant 4.0$ MPa 且设计温度 $\geqslant 400$ ℃ 的管道。

(二) GC2 级管道

除了 GC1 级管道规定外的其他管道均为 GC2 级管道,包括输送无毒、非可燃流体介质,设计压力 $P \leqslant 1.0$ MPa,且设计温度大于 -20 ℃ 但小于 185 ℃ 的管道。

(三) GC3 级管道

GC3 级管道是指输送无毒、非可燃流体介质,设计压力 $P \leqslant 1.0$ MPa,且设计温度大于 -20 ℃ 但小于 185 ℃ 的管道。

总之,工业管道划分类别的标准很多,除了上述几种划分外,还有按用途分类,如给水管道、排水管道、流体输送钢管管道、特种钢管管道、普通钢管管道等;按制造方法分类,如焊接钢管、轧制无缝钢管、砂型离心铁管管道等。

第三节 工业管道的识别色和安全标识

为了加强生产管理、方便操作及检修、促进安全生产、优化生产环境,生产企业的管道外表面都要涂刷表面色和标志。通过表面色、色环和符号来识别管道中介质的类型、特性、状态和流动方向。

根据《工业管道的基本识别色、识别符号和安全标识》(GB 7231—2003),对工业生产中非地下埋设的气体和液体输送管道规定了管道的基本识别色、识别符号和安全标识。

一、基本识别色

根据管道所输送介质的一般性能,基本识别色分为八类。例如:水是艳绿色,水蒸气是大红色,空气是淡灰色,气体是中黄色,可燃液体是棕色,其他液体是黑色,氧是淡蓝色,如表1-3所示。

表1-3 管道基本识别色

物质种类	基本识别色	色 样	颜色标准编号
水	艳绿		G03
水蒸气	大红		R03
空气	淡灰		B03
气体	中黄		Y07
酸或碱	紫		P02
可燃液体	棕		YR05
其他液体	黑		
氧	淡蓝		PB06

二、识别符号

工业管道的识别符号由管道内的介质名称、流向和主要工艺参数等组成,其标识应符合下列要求:

(一)介质名称的标识

(1)介质全称:例如氮气、硫酸、甲醇。
(2)化学分子式:例如 N_2、H_2SO_4、CH_3OH。

（二）介质流向的标识

工业管道内介质的流向用箭头表示，如管道内介质的流向是双向的，则用双箭头表示，如图 1-3 所示。

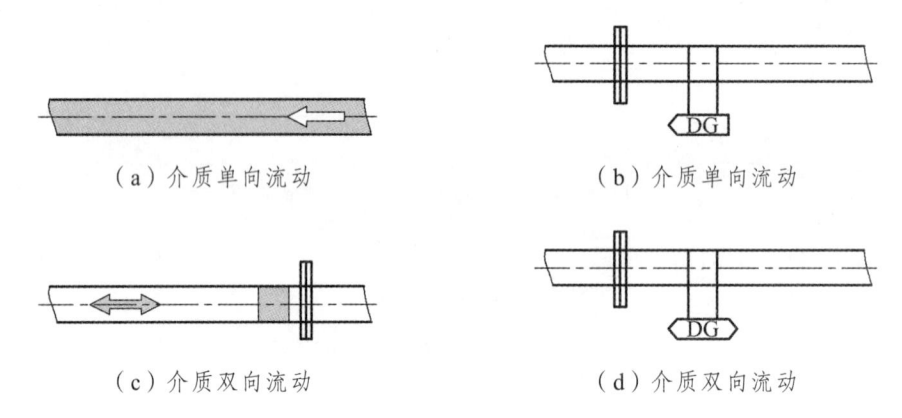

（a）介质单向流动　　　　　　　　（b）介质单向流动

（c）介质双向流动　　　　　　　　（d）介质双向流动

图 1-3　管道内介质流向标识

（三）介质主要工艺参数标识

介质的压力、温度、流速等主要工艺参数的标识，使用方可按需自行确定采用。

三、危险和消防标识

凡属危险化学品应设置危险标识，标识方法是在管道基本识别色的标识上或附近涂上 150 mm 宽的黄色，在黄色两侧各涂 25 mm 宽的黑色色环或色带，如图 1-4（a）所示。工业生产中设置的消防专用管道应遵守《消防安全标志第 1 部分：标志》（GB 13495.1—2015）的规定，在管道上标识"消防专用"识别符号，如图 1-4（b）所示。

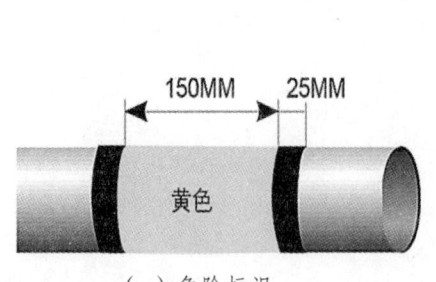

（a）危险标识 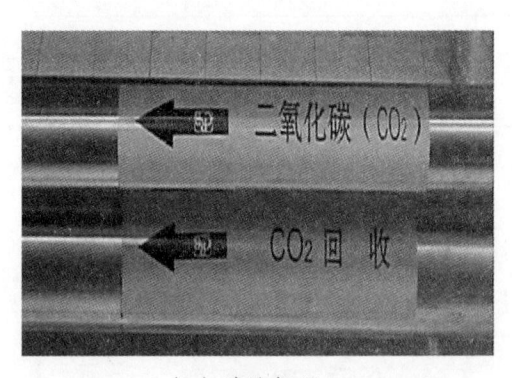　　　　　　　　　　（b）消防标识

图 1-4　危险和消防标识

四、管道标识的前提

管道标识的前提条件是：
（1）管道系统符合性检查完毕。
（2）不锈钢管道酸洗完工。
（3）碳钢管油漆防腐结束，保温、保冷工序完工。

五、管道基本识别色的选用原则

管道基本识别色的选用应遵循以下原则：
（1）美观、雅致、色彩协调，色差不宜过大。
（2）选用比较容易记忆的颜色。
（3）尽可能采用人们习惯的颜色。
（4）对危险管道、消防管道，应采用容易引起注意的红色。
（5）同一系统管道颜色应统一。

六、管道标识的一般内容

（1）背景色：识别输送介质类型（水、蒸汽和空气）。
（2）识别色：介质的特性（软水、饮用水和自来水）。
（3）状态色：介质状态（热、冷、液化气）。
（4）电离辐射标识（见图1-5）。
（5）介质流动方向（见图1-6）。

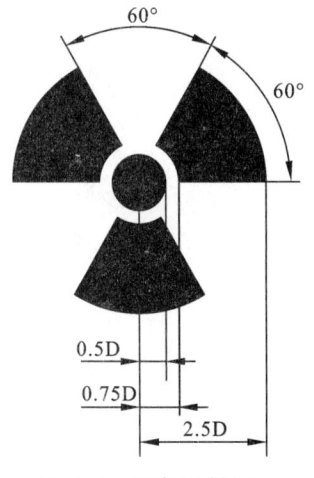

图1-5 电离辐射标识

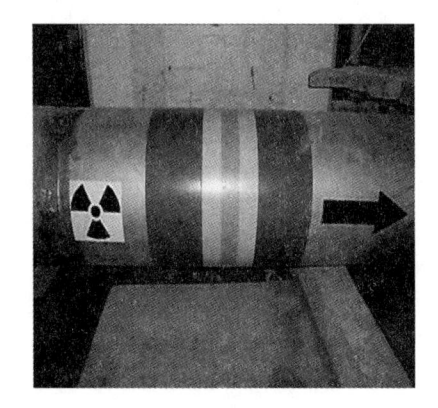

图1-6 介质流向标识

第四节 管道组成件的标准化及常用公式

一、管材及管件的通用标准参数

为了使管道和管路附件具有互换性、能批量生产，便于使用，目前管道及管路附件已基本实现了标准化。在我国，每种技术标准都用标准代号表示。统一格式的标准代号由标准类别代号、标准顺序号和颁布年号三部分组成。例如，中华人民共和国国家标准《管道元件 DN（公称尺寸）的定义和选用》的标准代号是 GB/T 1407—2005。标准类别一般为其汉语拼音的首位字母，如 GB 为强制性国家标准、GB/T 为推荐性国家标准。

（一）公称直径 DN

公称直径（nominal diameter）又称平均外径（mean outside diameter），是指容器、管道及其附件的标准化直径系列。采用公称直径有利于实现零部件的标准化，也方便于设计、制造、修配和管理，降低制造成本。对于容器，公称直径用内径表示；对于管道，则用小于外径并大于内径的某个尺寸表示。相应于管道的某一公称直径，其外径是一定值，内径随壁厚而变化。

一般来说，管子的直径可分为外径、内径、公称直径。管材为无缝钢管的管子的外径用字母 D 来表示，其后附加外直径的尺寸和壁厚。例如，外径为 108 mm 的无缝钢管，壁厚为 5 mm，用 D108*5 表示。塑料管也用外径表示，如 De63。其他如钢筋混凝土管、铸铁管、镀锌钢管等，在设计图纸中一般采用公称直径 DN 来表示。公称直径是为了设计制造和维修方便，人为地规定的一种标准，也叫公称通径，是管子（或管件）的规格名称。管子的公称直径和其内径、外径都不相等，例如，公称直径为 100 mm 的无缝钢管有 102*5、108*5 等好几种，108 为管子的外径，5 表示管子的壁厚，因此，该钢管的内径为（108-5-5）=98 mm，但内径也不完全等于钢管外径减两倍壁厚，也可以说，公称直径是接近于内径但又不等于内径的一种管子直径的规格名称。

在设计图纸中之所以要采用公称直径，目的是根据公称直径来确定管子、管件、阀门、法兰、垫片等的结构尺寸与连接尺寸。公称直径采用符号 DN 表示，如果在设计图纸中采用外径表示，就应该给出管道规格对照表，以表明某种管道的公称直径、壁厚。为了使管子、管件的连接尺寸统一，采用 DN 表示其公称直径（也称公称口径、公称通径）。

每一公称直径对应一个外径，其内径数值随厚度不同而不同。公称直径为 DN100 的管子，如果该管为国际通用系列（俗称英制管），其外径是 114.3 mm；如果该管为国内沿用系列（俗称公制管），其外径是 108 mm（这样就出现了两种直径，不矛盾的）。公称直径可用公制单位 mm 表示，也可用英制单位 in 表示。

（二）公称压力 PN

公称压力表示在一定的基准温度和流量条件下，管道系统可以承受的最大压力，用符号 PN 表示。公称压力是设计、制造和使用管道系统时的一个重要依据，它帮助确保系统的安全运行。

不同的材料有不同的基准温度，如铸铁和铜的基准温度为 120 ℃，钢的基准温度为 200 ℃，合金钢的基准温度为 250 ℃，塑料制品的基准温度为 20 ℃。公称压力的单位通常是 MPa（兆帕），工程上也有采用"bar（巴）"、公斤力作单位的，1MPa =10bar。常见的公称压力值包括 PN6、PN10、PN16、PN25、PN40 等，其中数字越大，表示管道的材质和尺寸越大，耐压能力越强。

同一公称压力 PN 值所表示的同公称通径的所有管路附件具有与端部连接形式相适应的同一连接尺寸。

（三）试验压力 Ps

管道与管路附件在出厂前必须进行压力试验，以检查其强度和密封性，对管道与管路附件制品进行强度试验的压力称为强度试验压力，用符号 Ps 表示，如试验压力为 4 MPa，记为 Ps4 MPa。从安全角度考虑，试验压力必须大于公称压力。

（四）工作压力 P

工作压力是指介质在工作温度下的操作压力。在大多数情况下，管道材料并非在基准温度下工作，一旦温度发生变化，管道材料的耐压强度也随之变化。所以，隶属于某一公称压力值的管道材料，究竟允许承受多大的工作压力，要由介质的工作温度来决定，因而在说明某管道制品的工作压力时应注明其工作温度，通常是在 P 的右下角附加数字，该数字是最高工作温度除以 10 所得的整数值，如介质的最高工作温度为 300 ℃，工作压力为 10 MPa，则记为 P_{30}10 MPa。

（五）设计压力 Pe

设计压力是指设定的压力容器顶部的最高压力，与相应的设计温度一起作为设计载荷条件，其值不得低于工作压力。

一般情况下，设计计算时选定系统承受的最高压力作为设计压力。设计压力一般用 Pe 表示。

管道公称压力、工作压力、设计压力、试验压力之间的关系总结如下：

试验压力>公称压力>设计压力>工作压力

设计压力=1.5×工作压力（通常）

试验压力=1.5×设计压力（液压）

试验压力=1.15×设计压力（气压）

（六）英制管螺纹连接管子尺寸

对于采用英制管螺纹连接的管子，其公称直径也习惯上采用英寸（in）为单位，1 mm = 0.0394 in，1 in = 25.4 mm。常用管道公称直径换算见表 1-4。

表 1-4 常用管道公称直径换算

公称通径（DN）	英制/in（″）	管外径/mm
6	1/8″	10.3
8	1/4″	13.7
10	3/8″	17.1
15	1/2″	21.3
20	3/4″	26.7
25	1″	33.4
32	1 1/4″	42.2
40	1 1/2″	48.3
50	2″	60.3
65	2 1/2″	73
80	3″	88.9
100	4″	114.3
150	6″	168.3
200	8″	219.1
250	10″	273
300	12″	323.8
350	14″	355.6
400	16″	406.4
450	18″	457
500	20″	508
600	24″	610

二、常用计量单位及换算公式

（一）尺寸计量单位

工程管道图纸的尺寸为毫米（mm），标高以米（m）为单位。

（二）角度

角度的标准单位有度（°）、分（′）、秒（″），1° = 60′ = 3600″。

（三）压力

工程上常用的压力单位有 Pa、kPa、MPa、bar、大气压、公斤力（kgf/cm²）。
1 MPa=1000 kPa，1 kPa=1000 Pa，1 bar=0.1 MPa
1 大气压=0.1 MPa=1 公斤力（kgf/cm²）。

（四）常用的三角函数公式

（1）如图 1-7 所示，在 Rt△ABC 中，∠A 的三角函数为：

正弦：$\sin\alpha = BC/AB$　　　余弦：$\cos\alpha = AC/AB$

正切：$\tan\alpha = BC/AC$　　　余切：$\cot\alpha = AC/BC$

（2）余弦定理（任意三角形）

$a^2 = b^2 + c^2 - 2bc\cos A$

$b^2 = a^2 + c^2 - 2ac\cos B$

$c^2 = a^2 + b^2 - 2ab\cos C$

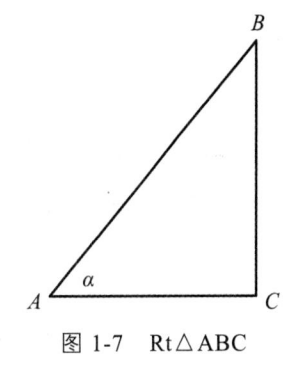

图 1-7　Rt△ABC

（五）圆弧长公式

$$l = \frac{n\pi R}{180}$$

式中　n——圆弧的弧度；
　　　R——圆弧半径。

（六）勾股定理

直角三角形两直角边（即"勾""股"）边长平方和等于斜边（即"弦"）边长的平方，即：

$$a^2 + b^2 = c^2$$

第五节　核电管道工程

核电站是指通过核裂变将核能转变成电能的设施，它以核反应堆来代替火电站的锅炉，以核燃料在核反应堆中发生特殊形式的"燃烧"产生热量，使核能转变成热能来加热水产生蒸汽，蒸汽推动汽轮机、发电机进行发电。

世界上核电站常用的反应堆有轻水堆、重水堆和改进型气冷堆及快堆等，但使用最广泛的是轻水堆。按产生蒸汽的过程不同，轻水堆可分成沸水堆核电站和压水堆核电站两类。压水堆是以普通水作冷却剂和慢化剂，它是从军用堆基础上发展起来的最成熟、最成功的动力堆堆型。压水堆核电站占全世界核电总容量的60%以上。核电站用的燃料是铀。用铀制成的核燃料在"反应堆"的设备内发生裂变而产生大量热能，再用处于高压下的水把热能带出，在蒸汽发生器内产生蒸汽，蒸汽推动汽轮机带着发电机一起旋转，电就源源不断地产生出来，并通过电网送到四面八方。

我国核电站的建设始于20世纪80年代中期，首台核电机组的建设在浙江秦山核电站进行，1985年开工，1994年商业运行，功率为300 MW，为我国自行设计建造和运行的原型核电机组，使我国成为继美国、英国、法国、苏联、加拿大和瑞典后，全球第7个能自行设计建造核电机组的国家。截至2023年12月31日，我国运行核电机组共55台（不含台湾地区），装机容量为57031.34MWe（额定装机容量），运行核电机组累计发电量为4333.71亿千瓦时，占全国累计发电量的4.86%。目前我国在建核电站规模继续保持世界领先。到2035年，我国核能发电量在我国电力结构中的占比将达到10%左右。

一、核电站的组成

目前核电站的反应堆型主要以压水堆型为主，通常由三个部分组成：NI（核岛）、CI（常规岛）、BOP（电站配套设施），如图1-8所示。

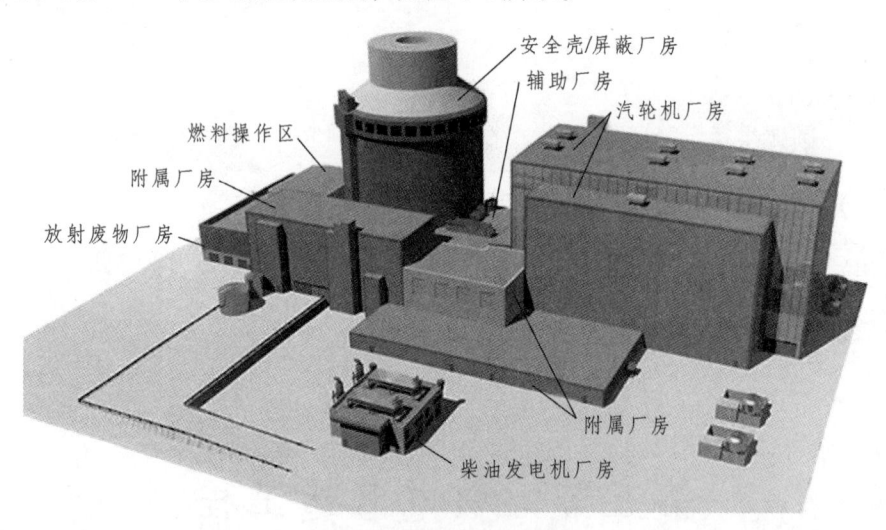

图1-8 核电站的组成

（一）核岛

核岛中的系统设备主要有压水堆本体、一回路系统以及为支持一回路系统正常运行和保证反应堆安全而设置的辅助系统。一回路系统主要由核反应堆、压力容器（压力壳）、蒸汽发生器、主循环泵、稳压器及相应的管道、阀门等组成。

（二）常规岛

常规岛是指蒸气发生器的二次侧，主要包括汽轮机组及二回路系统等。二回路系统主要由汽轮发电机组、凝汽器、给水泵及相应的管道、阀门等组成。

（三）电站配套设施

针对不同核电站，其配套设施（BOP）划分范围不同，一般是指核岛和常规岛以外的配套设施和系统，如水、电、气制备、贮存、供应系统，以及一些连接、保障系统等。核电站配套设施主要包括：

（1）反应堆控制系统核紧停堆系统。

（2）堆芯应急冷却系统。

（3）安全壳顶部设置的冷水喷淋系统。

（4）容积控制系统，它主要调节主冷却剂水的含硼量及容积变化。

（5）化学控制系统，它主要用于控制一回路冷却剂水的含氧量和pH值，抑制有关设备和材料的腐蚀。

（6）其他系统，像余热导出系统、冷却剂净化系统、三废（废气、废液、废渣）处理系统等。

二、核电站的工作原理

核电站中的能量转换借助于三个回路来实现（见图1-9）：

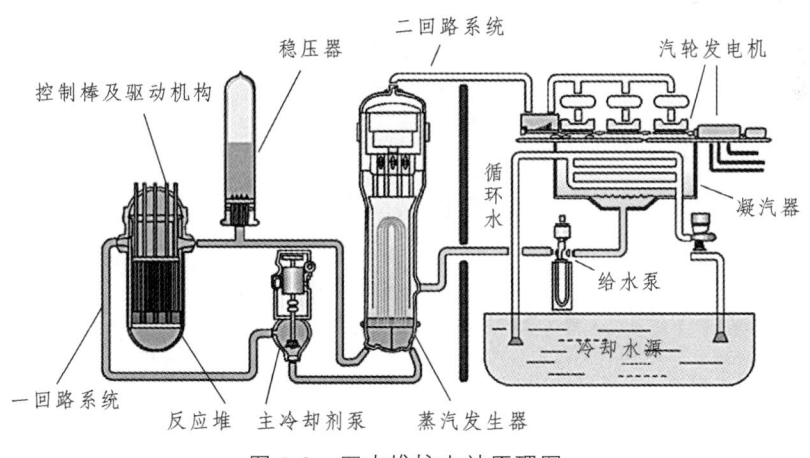

图 1-9　压水堆核电站原理图

（1）反应堆冷却剂在主泵驱动下经反应堆压力容器、蒸汽发生器，再回到主泵，这就是一回路流程。

（2）在循环流动过程中，反应堆冷却剂从堆芯带走核裂变产生的热量，并且在蒸汽发生器中，在实体隔离的条件下，通过传热管传递给二回路水，二回路水被加热，生成蒸汽，蒸汽驱动汽轮机、带动同轴的发电机发电，做功后的乏蒸汽在冷凝器内被冷凝为水，再送回蒸汽发生器，这就是二回路流程。

（3）三回路介质是海水，它的作用是把乏蒸汽冷凝为水，同时带走了电厂的弃热。

三、核电站字母代码

核电站字母代码有系统代码、设备功能代码、厂房和构筑物代码三种。系统代码用三字码表示，设备功能代码用二字码表示。为方便认知核电施工现场，下面以厂房和构筑物为例介绍核电站字母代码。

核电站的厂房和构筑物可以分为三大类，即辅助厂房（BOP）、核动力厂房（NI）、汽轮机厂房（CI），列举部分如下：

（1）核动力厂房（NI）：

DX——柴油发电机厂房。

KX——核燃料厂房和换料水池。

LX——电气厂房。

NX——核辅助厂房。

WX——连接厂房。

RX——核反应堆厂房。

习惯上，施工现场把这些厂房称为D区、R区、K区……

（2）汽轮机厂房（CI）：

MX——汽轮机厂房。

M22——PA（SEC重要厂用水系统集水井）和GA（SEC重要厂用水取水管廊）。

M24——QA（核岛废液储存罐厂房）和GC（TER/SEL废液排放管廊）。

M25——QT（中低放固体废物暂存库）。

M26——QB（常规岛废液储存厂房）。

M27——MX（3号汽轮机ASG辅助给水除氧器装置）。

M28——MX（汽轮机厂房内APD启动给水系统）。

核岛NSSS系统（核蒸汽供应系统）管道对照表如表1-5所示。核岛BNI系统（核岛配套设施）管道对照表如表1-6所示。

表1-5 核岛NSSS系统（核蒸汽供应系统）管道对照表

系统缩写	名 称	系统缩写	名 称
ARE	给水流量控制系统	RIC	堆芯测量系统
ASG	辅助给水系统	RIS	安全注入系统
GCT	汽轮机旁路系统	RPE	核岛排气和疏水系统
PTR	反应堆换料水池和乏燃料池水冷却和处理系统	RRA	余热导出系统

续表

系统缩写	名称	系统缩写	名称
RAZ	核岛氮气分配系统	SAR	仪用压缩空气分配系统
RCP	反应堆冷却剂系统	SAT	公用压缩空气分配系统
RCV	化容和容器控制系统	SED	核岛除盐水分配系统
REA	反应堆硼水补给系统	SIR	化学试剂注入系统
REN	核取样系统	VVP	主蒸汽系统

表 1-6 核岛 BNI 系统（核岛配套设施）管道对照表

系统缩写	名称	系统缩写	名称
APD	启动给水系统	JPD	消防水分配系统
APG	蒸汽发生器排污系统	JPI	核岛消防系统
ASG	辅助给水系统	JPL	电气厂房消防系统
CVI	凝汽器真空系统	JPP	消防水生产系统
DEG	核岛冷冻水系统	JPV	柴油发电机灭火系统
DEL	电气厂房冷冻水系统	PTR	反应堆堆换料腔和废燃料池水冷却和处理系统
DVK	核燃料厂房通风系统	RAZ	核岛氮气分配系统
DVN	核辅助厂房通风系统	REA	反应堆硼水补给系统
EAS	安全壳喷淋系统	REN	核取样系统
EBA	安全壳换气通风系统	RPE	核岛排气和疏水系统
ETY	安全壳内大气监测系统	SEP	饮用水系统
RRI	设备冷却水系统	SES	热水生产和分配系统
SAP	压缩空气生产系统	SIR	化学试剂注射系统
SAR	仪用压缩空气分配系统	SRE	放射性废水回收系统
SAT	公用压缩空气分配系统	SVA	辅助蒸汽分配系统
SBE	热洗衣房系统	TEG	废气处理系统
SEC	重要厂用水系统	TEP	硼回收系统
SED	核岛除盐水分配系统	TER	废液排放系统
SHE	废油及非放射性水排放系统	TES	固体废物处理系统
SEO	电厂污水系统	TEU	废液处理系统
SER	常规岛除盐水分配系统		

四、核电管道分级

(一)安全等级

核电站的安全根据纵深防御原则,包括以下三个层次:

第一层:电站的设计和建造质量要保证在正常运行与正常瞬态运行工况下,电站不发生破坏。

第二层:安全系统的设计要尽可能减少非正常瞬态工况或设备故障的影响。

第三层:工程安全设施的设计要尽可能减少能导致放射性产物泄漏的假想事故的影响。

核电站的安全是通过组成其系统、设备和部件的安全性来实现的。从安全上来看,组成核电站的各个系统、设备和部件对安全的重要程度是不完全相同的,因此根据它们所执行的安全功能进行分级。

在《用于沸水堆、压水堆和压力管式反应堆的安全功能和部件分级》安全导则中将流体包容部件分成了安全1、2、3、4四个等级,但世界各国(如法国、美国)一般把流体包容部件(或称核承压设备)分为3个安全等级,即安全1级、安全2级、安全3级和非安全级(常规设备)。

(二)质量保证等级

核电项目的质保分级和质保要求是确保核电项目安全运行和质量可控的重要环节,核电项目的质保分级主要分为质保1、2、3级和非质保级。1级质保最高,由国家核安全监管部门负责;2级质保主要由核电站建设单位和主要设备供应商负责;3级质保主要由核电站建设单位和次要设备供应商负责。

(三)RCCM级(法国《压水堆核岛机械设备设计和建造规则》)

RCCM级管道系统图或管道三维图中,常用三个大写英文字母依次标识管线的压力级别、材料分类和设计规范级(三个英文字母如NAD、SAD、PMC、TMC等),第一个字母表示压力级别;第二个字母表示材料类别;第三个字母表示设计规范。

(1)第一个字母标识管线压力级别,见表1-7。

表1-7 管线标识与压力级别对照表

字母代号	对应压力额定值/MPa(psi)
N	2.0(150)
P	5.0(300)
S	10.0(600)
T	15.0(900)
U	25.0(1500)
V	42.0(2500)

注:此分级基本取自美国国家标准ANSI B16.5的分级标准。

（2）第二个字母标识管道材料分类，见表1-8。

表1-8　管线标识与材料类别对照表

字母代号	对应的材料类别
A	碳钢管（如TU42C、TU48C、16Mn、20g等）
C	其他牌号碳素钢管
G	镀锌碳钢
L	碳钢衬胶管
M	不含钼低碳不锈钢管
N	含钼低碳不锈钢管
I	其他品种不锈钢管
S	塑料管
B	铜或铜合金管

（3）第三个字母标识设计采用的规范等级，见表1-9。

表1-9　管线标识与规范等级对照表

字母代号	对应的规范等级
B	RCC-M 1级（B卷）
C	RCC-M 2级（C卷）
D	RCC-M 3级（D卷）
S	非RCC-M级

核电站设备和部件还可以按清洁级、抗震级等标准分级，这里不再赘述。

五、核电工作包

在CPR1000核电工程中，业主根据安装工程作业的特点、性质、质量要求和技术难度将核岛安装工作划分为十个机电工作包（Electro Mechanical Package，EMP），具体分类见表1-10。

表1-10　机电工作包的分类

EM工作包	名　　称
EM1	重载吊运设备安装
EM2	主回路设备安装
EM3	辅助设备的安装
EM4.1	辅助系统及供水/蒸汽管线的预制
EM4.2	辅助系统及供水/蒸汽管线的安装

续表

EM 工作包	名　称
EM4.3	碳钢阴极保护管道的安装
EM5	采暖通风空调
EM6	保温预制和安装
EM7	现场制造贮罐
EM8	一般电气安装
EM9	过程仪表安装
EM10	负载小于40吨的吊运设备安装

六、核电管道安装工程

核电管道安装是一项复杂且技术要求高的工作，涉及多种类型的管道、阀门、支架等设备的安装和调试。

（一）核电管道安装的重要性

1. 安全性

核电站的安全性是最重要的考虑因素，管道系统的安装质量直接关系到核电站的安全运行。一旦管道出现泄漏、破裂等事故，可能导致放射性物质泄漏，对环境和人员造成严重危害。

2. 经济性

核电管道安装工程的投资占核电站总投资的很大一部分，因此，提高管道安装的经济性对于降低核电站的建设和运行成本具有重要的意义。

3. 可靠性

核电站的稳定运行需要管道系统具有良好的密封性能、抗振性能和抗老化性能，以确保在长期运行过程中不会发生故障。

（二）核电管道安装的技术要求

1. 严格的质量控制

核电管道安装工程需要遵循严格的质量控制标准，以确保管道、阀门等设备的质量符合设计要求。

2. 精确的尺寸控制

管道安装过程中需要严格控制管道的尺寸偏差，以确保管道系统的密封性能和连接强度。

3. 高水平的技术

核电管道安装工程需要具备高水平的技术人员和丰富的施工经验，以确保管道安装的质量和进度。

4. 严格的安全管理

核电管道安装过程中需要严格遵守安全规程，以确保施工现场的安全。

（三）核电管道安装的挑战与展望

随着核电技术的不断发展，核电管道安装面临着更高的技术要求和更大的挑战。如何提高管道安装的效率、降低成本、确保安全，是核电管道安装领域需要不断研究和探索的问题。此外，随着新材料、新技术的应用，核电管道安装将迎来更多的发展机遇。

思考与练习

1. 什么是管道？管道安装工程主要有哪些工作内容？
2. 工业管道按压力和温度分别分为哪几类？请详细说明。
3. 工业管道基本识别色分为哪几类？识别符号由哪几部分组成？
4. 什么是管道的公称直径？它有什么意义？
5. 比较管道的工作压力、设计压力、试验压力。
6. 核电站通常由哪三部分组成？请阐述核能发电的工作原理。

第二章

管道工程识图

- 第一节 管道单、双线图及轴测图············ 024
- 第二节 管道的剖面图························ 030
- 第三节 管道施工图的组成···················· 033
- 第四节 核岛管道施工图的识读··············· 038
- 思考与练习································· 047

第一节 管道单、双线图及轴测图

管道施工图从图形上可分为单线图和双线图。单线图是指在图形中仅用单根粗实线表示管子和管件的图样。双线图是指在图形中仅用两根线条表示管子和管件的形状，不再用线条表示管子壁厚的图样。

一、管子的单、双线图

如图 2-1（a）所示，在短管的主视图中，用虚线表示管子的内壁，在俯视图的两个同心圆中，小圆表示管子内壁，大圆表示管子外壁，这是三视图中常用的表示方法。若省去表示管道壁厚的虚线和小圆，就变成了图 2-1（b）所示的图形，这种仅用双线来表示管子形状的图形叫管子的双线图。如果只用单根粗实线表示管子在立面上的投影，而在俯视图中用一个小圆圈表示，即管子的单线图，如图 2-1（c）所示。

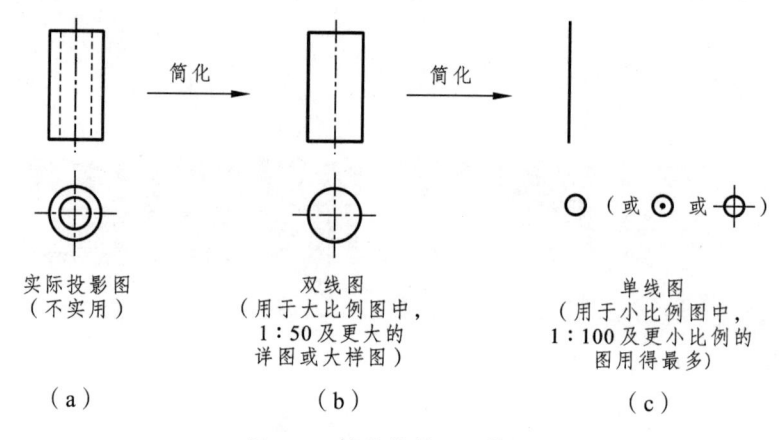

图 2-1 管道的单、双线图

3 种摆放位置情况下，管道的单、双线图如表 2-1 所示。

表 2-1 三种位置的管道单、双线图

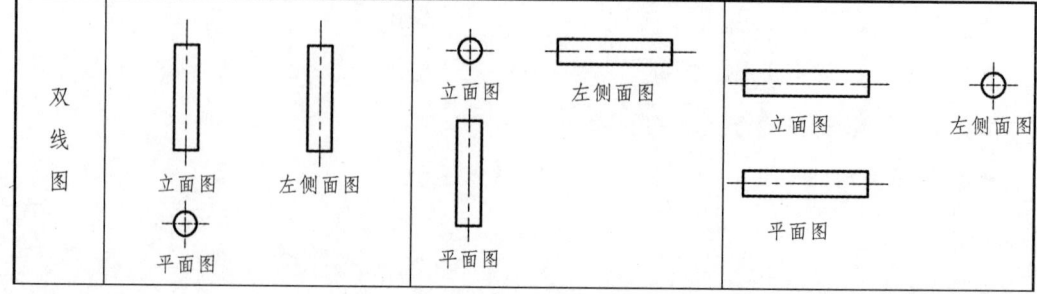

续表

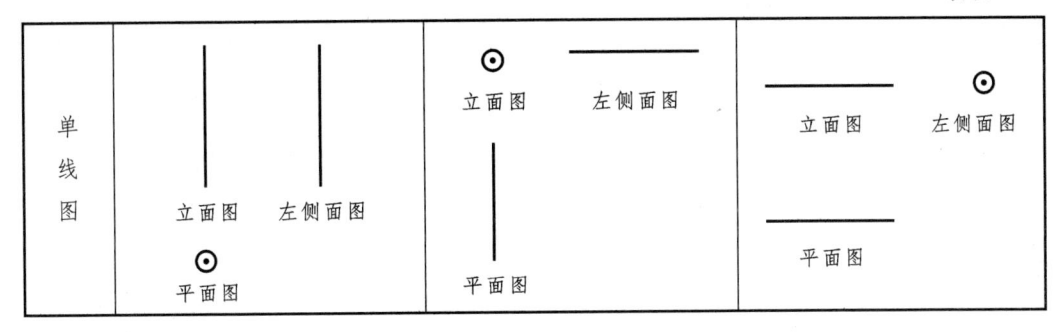

| 单线图 | 立面图　左侧面图　平面图 ⊙ | 立面图 ⊙　左侧面图　平面图 | 立面图　左侧面图 ⊙　平面图 |

二、管件的单、双线图

(一)弯头的单、双线图

图 2-2 所示是一个 90°弯头的三视图。图 2-3 所示是同一弯头的双线图。在双线图中，不仅表示管子壁厚的虚线可以省略不画，而且弯头部分的投影所产生的虚线部分也可以省略不画。

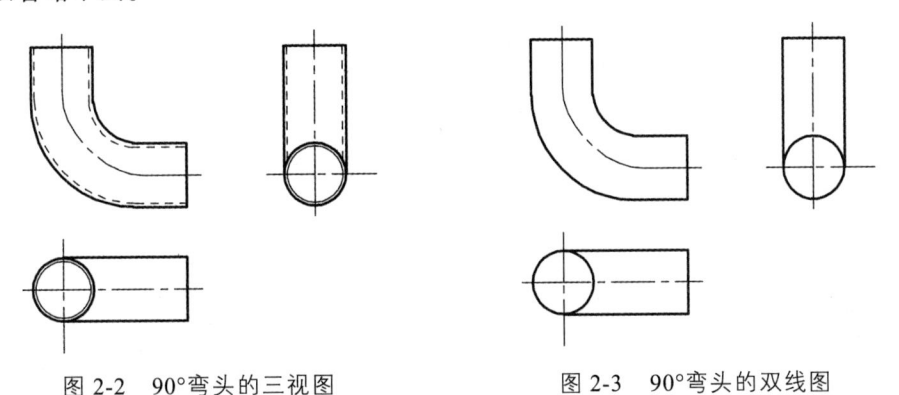

图 2-2　90°弯头的三视图　　　图 2-3　90°弯头的双线图

90°弯头的单线图如图 2-4 所示，在俯视图中上先看到立管的端口，后看到横管，画法与短管的单线图画法相同。

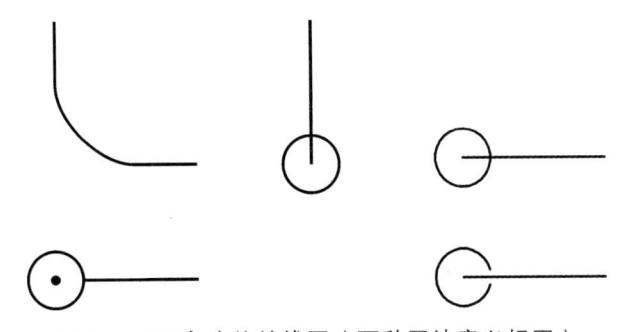

图 2-4　90°弯头的单线图（两种画法意义相同）

90°弯头不同摆放时的单、双线图见表 2-2。

表 2-2 90°弯头的单、双线图

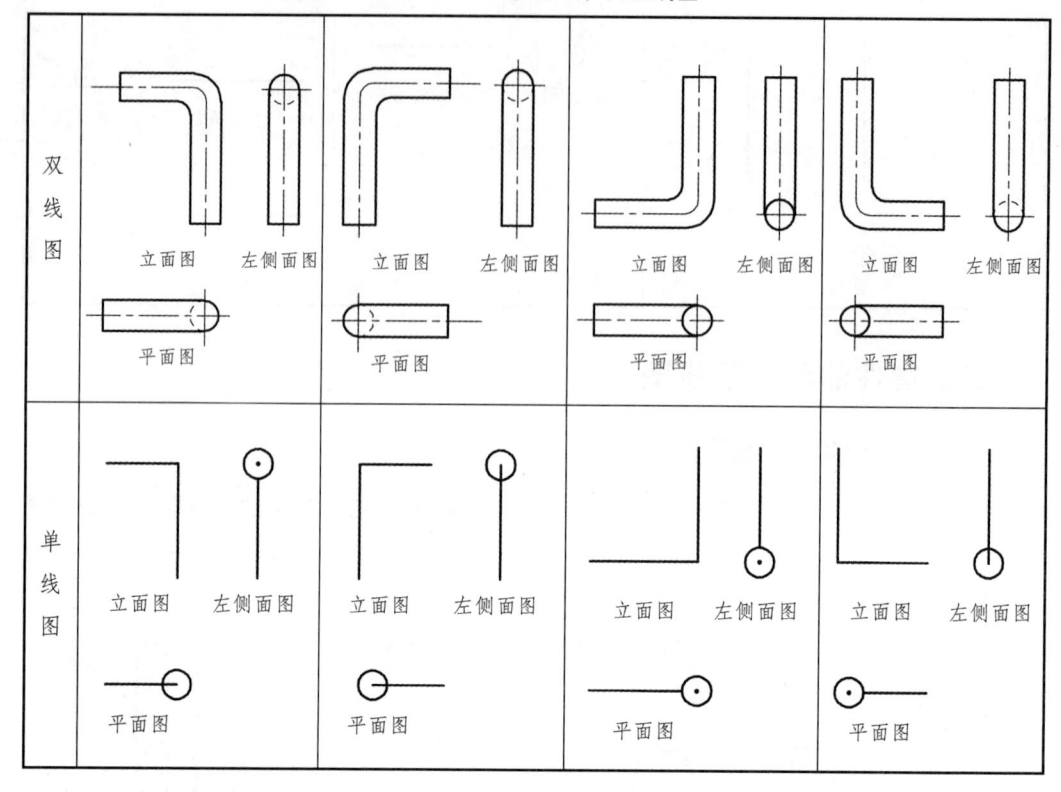

双线图	立面图　左侧面图	立面图　左侧面图	立面图　左侧面图	立面图　左侧面图
	平面图	平面图	平面图	平面图
单线图	立面图　左侧面图	立面图　左侧面图	立面图　左侧面图	立面图　左侧面图
	平面图	平面图	平面图	平面图

（二）三通的单、双线图

等径正三通的三视图和双线图如图 2-5 所示，画双线图时，把表示壁厚的实线和虚线省略不画，仅画外形图线。

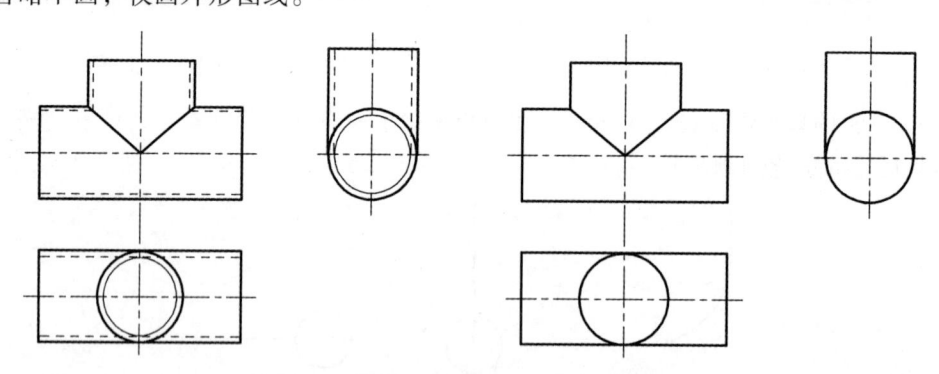

图 2-5 等径正三通的三视图和双线图

如图 2-6 所示，在平面图上，先看到立管端口，故把立管画成一个圆心带点的小圆，横管画到小圆边上。在左侧面图上，先看到横管的端口，因此把横管画成一个圆心带点的小圆，立管画在小圆的两边。在右侧面图上，先看到立管，横管的端口在背面看不到，这时横管画成小圆，立管通过圆心。

右立面　　立面　　左立面

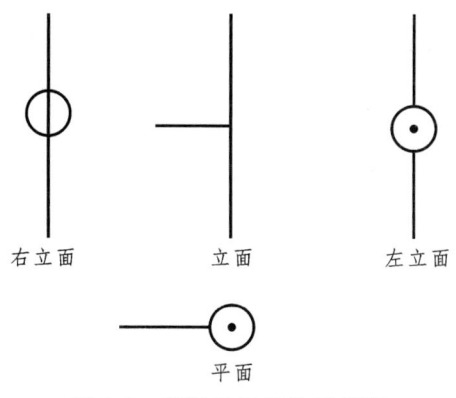

平面

图 2-6　等径正三通的单线图

(三) 四通的单、双线图

等径四通的单、双线图如图 2-7 所示，其画法与三通的单、双线图相似。

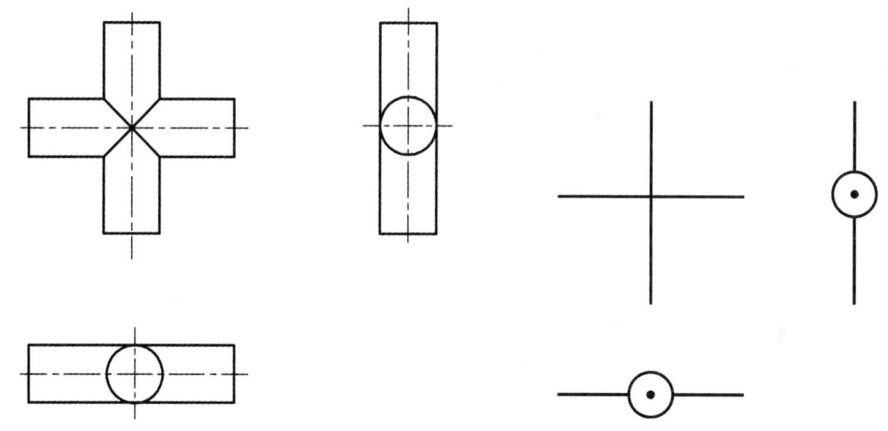

图 2-7　同径四通的单、双线图

(四) 大小头的单、双线图

表 2-3 是大小头的单、双线图。同心大小头的单线图有的画成等腰梯形，有的画成等腰三角形，这两种表示的意义相同。

表 2-3　大小头的单、双线图

项　目	同心大小头	偏心大小头
双线图		
单线图		

三、管道的轴测图

（一）轴测图的概念

管道轴测图是根据轴测投影原理绘制而成的，它与管道平面投影图的不同之处是，它能在同一轴测图上同时反映管道的空间位置和管道本身的长、宽、高尺寸，富有立体感，容易看懂。管道轴测图是管道施工图的重要图样之一。在管道专业中，常用的轴测图有正等轴测图和斜等轴测图两种。

（二）正等轴测图

让投射线方向穿过立方体的对顶角、垂直轴测投影面，把立方体的 X、Y、Z 轴放在同一投影面上的倾角都相等，所得的轴测投影图称为正等轴测图。如图 2-8 所示，由 OX_1、OY_1、OZ_1 三轴组成的轴测投影面，轴间角 $\angle X_1OY_1$、$\angle X_1OZ_1$、$\angle Y_1OZ_1$ 均等于 120°。

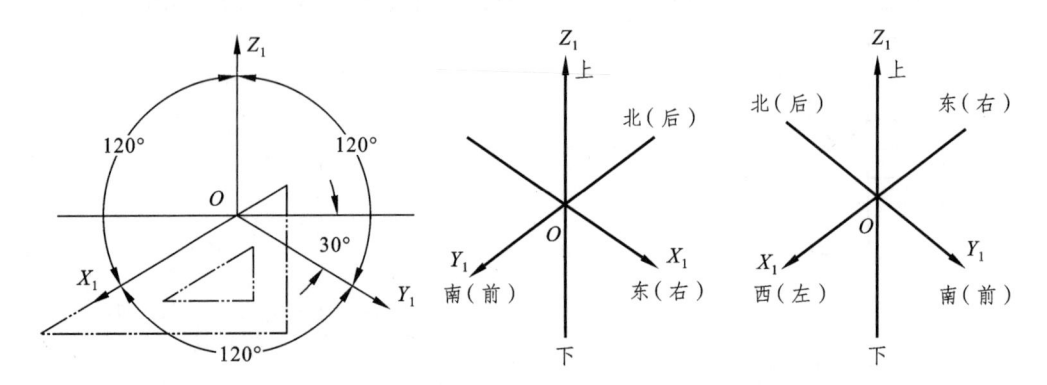

图 2-8 正等轴测图的选定

（1）轴间角：$\angle X_1OY_1 = \angle X_1OZ_1 = \angle Y_1OZ_1 = 120°$。

（2）轴向伸缩系数：$p = q = r = 0.82$。

（3）简化的轴向伸缩系数：$p = q = r \approx 1$。

例 1 把图 2-9 所示的平面图、立面图中的管线画成正等轴测图。

简而言之，管道正等轴测图可以归纳成下面四句话：

左右东南斜，上下竖画竖；
前后东北斜，斜度均三十。

"左右东南斜"，是指左右走向的管道，在画正等测图时，线条应朝东南方向斜，即要画在 X 轴上；"上下竖画竖"，是指上下走向的立管应垂直画在 Z 轴上；"前后东北斜"，是指前后走向的管线，在画正等测图时，线条应朝东北方向斜，即要画在 Y 轴上；"斜度均三十"，即无论是 X 轴还是 Y 轴，它们与水平线的夹角均为 30°。

注意：这里的"东北斜""东南斜"是以地图上的方位作标记：左西右东，上北下南。

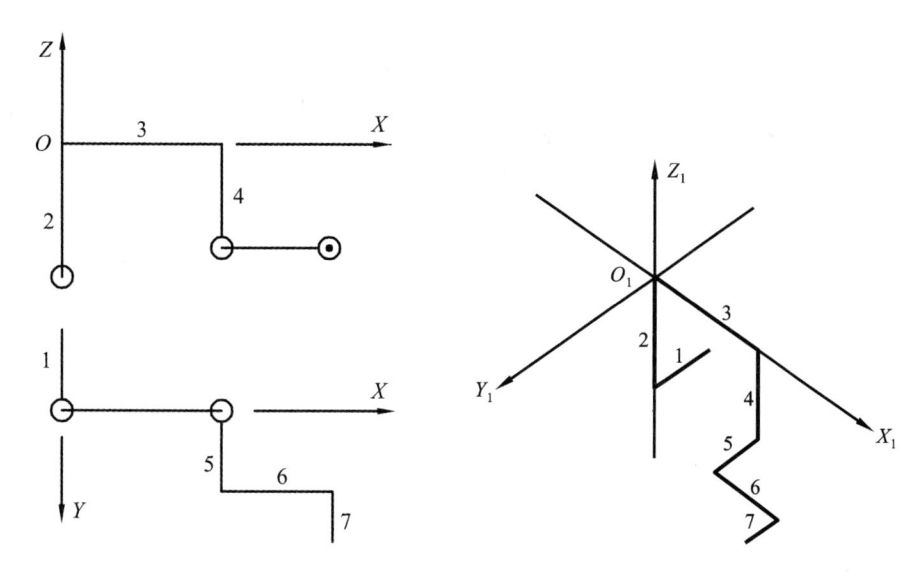

图 2-9　管线的正等测图

(三) 斜等测图

管道斜等测图的作图原则及方法与正等测图基本相同,只是轴间角不同。如图 2-10 所示,由 OX、OY、OZ 组成轴测投影面,OZ 为垂直方向的轴。

(1) 轴间角:$\angle X_1OZ_1 = 90°$,$\angle X_1OY_1 = \angle Y_1OZ_1 = 135°$。
(2) 轴向伸缩系数:$p = r = 1$,$q = 0.5$。

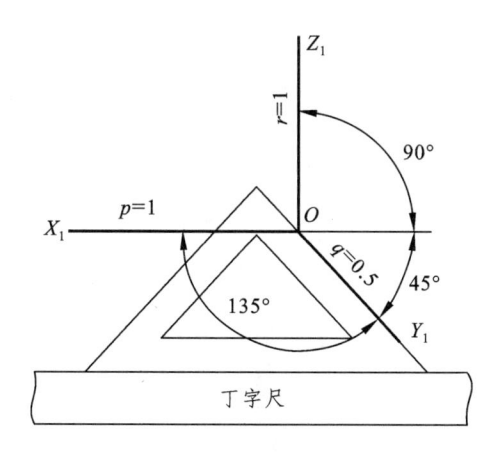

图 2-10　斜等测图

例 2　把图 2-11 所示的平面图、立面图中的管线画成斜等轴测图。

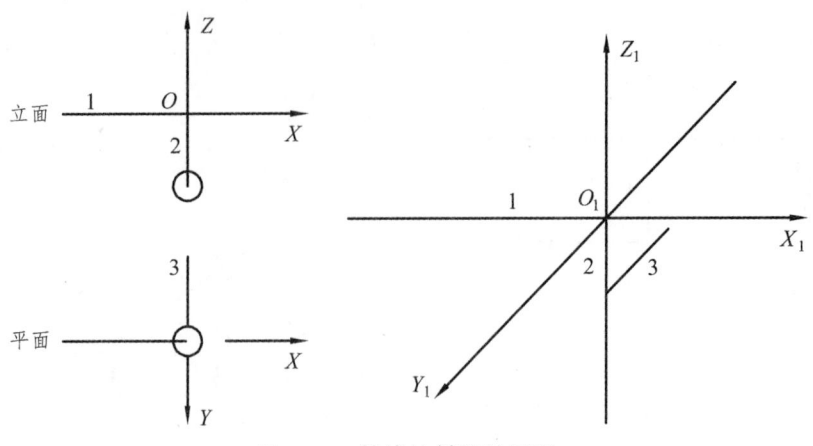

图 2-11　管线的斜等轴测图

第二节　管道的剖面图

在管道安装工程中，往往涉及多根管道、管件、阀门，设备纵横交错，布置密集（见图 2-12），为了完整、清晰地反映各管线的真实结构和具体尺寸，管道施工图一般采用剖面图来展示。

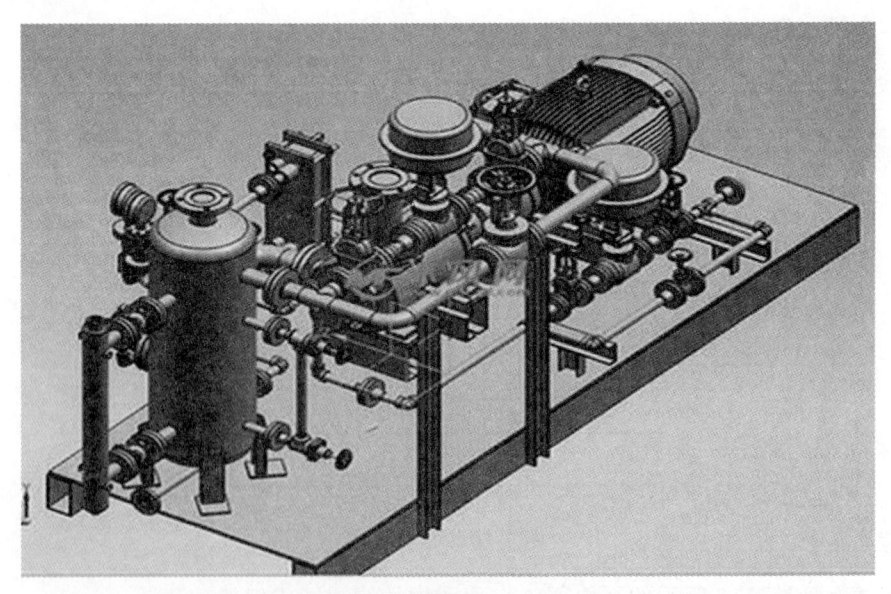

图 2-12　管线布置

管道剖面图是假设用剖切平面在适当位置将管网剖断，移去观察者和剖切平面之间的部分，对剩余管线作正投影而得到的图形。它是利用剖切符号既能表示位置又能表示投射方向的特点,来表示管线的某个投影的。

管道剖面图通常有以下几种形式。

一、管线间的剖面图

在两根或两根以上的管线之间,假设用剖切平面切开,移去观察者和剖切平面之间的部分,对保留管线所作的投影图,称为管线间的剖面图,如图 2-13 中的 1—1 剖面图。

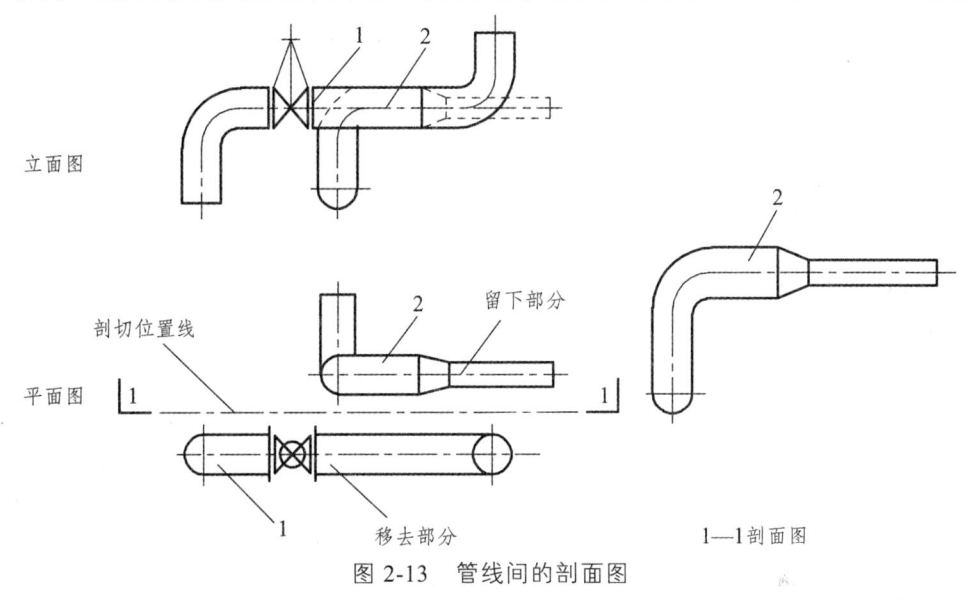

图 2-13　管线间的剖面图

二、管线断面的剖面图

假设用垂直于管道轴线的剖切平面将管道切开,移去观察者和剖切平面之间的部分,对剩余部分管道所作的投影图称为管道断面的剖面图,如图 2-14 所示。1 号管线剖切后,带阀门部分管线属移去部分,摇头弯部分是留下部分,反映在剖面图上是小圆

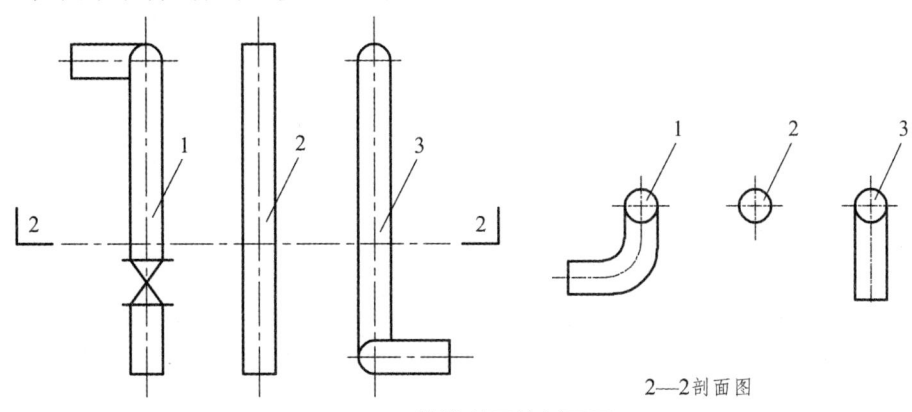

图 2-14　管线断面的剖面图

下面连着方向朝左的弯管；2 号管线本身是直管，被剖切后留下的是比剖切前短的直管，反映在剖面图上是一个小圆；3 号管线剖切后，摇头弯部分移去，带弯头的那部分管线留下，在剖面图上是小圆连着方向朝下的弯头。

三、管线间的转折剖面图

用两个互相平行的剖切平面在管网间进行剖切，移去观察者和剖切平面之间的部分，对剩余部分所作的投影图称为转折剖面图或阶梯剖。在一条剖切线上只需要剖切一部分管线，而另一部分管线需要保留时，可用转折剖来解决，一般只转折一次。在剖切转折处，用十字形粗实线表示剖切位置线，其他部分与一般剖面图标注相同，如图 2-15 所示。剖切平面在 1 号管线上的两个三通之间转折，转折处管子的切口平直画出，而不用折断符号的形式。切口左侧部分 1 号管线被切掉后，带阀门的 2 号管线便呈现出来。

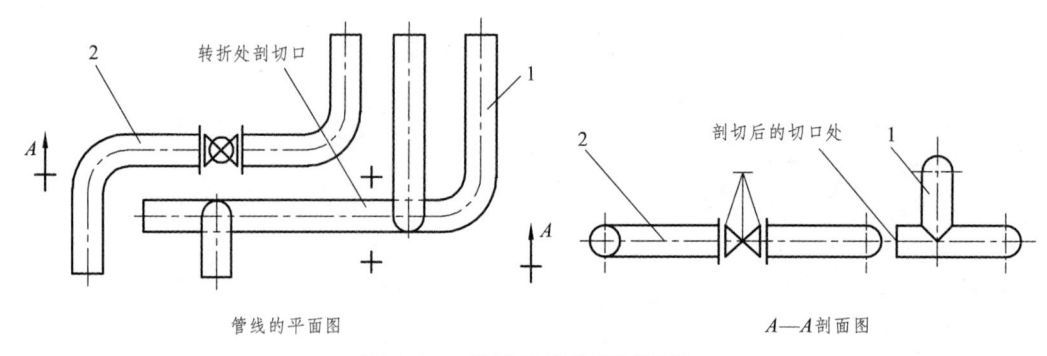

图 2-15 管线间的转折剖面图

由于管线的剖切符号绝大多数都显示在平面图上，因此管道剖面图实际上是对剖切后的剩余部分管道所作的立面图。其识读方法是：首先根据平面图中的剖切符号，确定剖切位置和方向，认准剩余部分，然后读剖面图，其方法与管道立面图相同。

例 3 完成图 2-16 所示的 1—1、2—2 剖面管道剖面图。

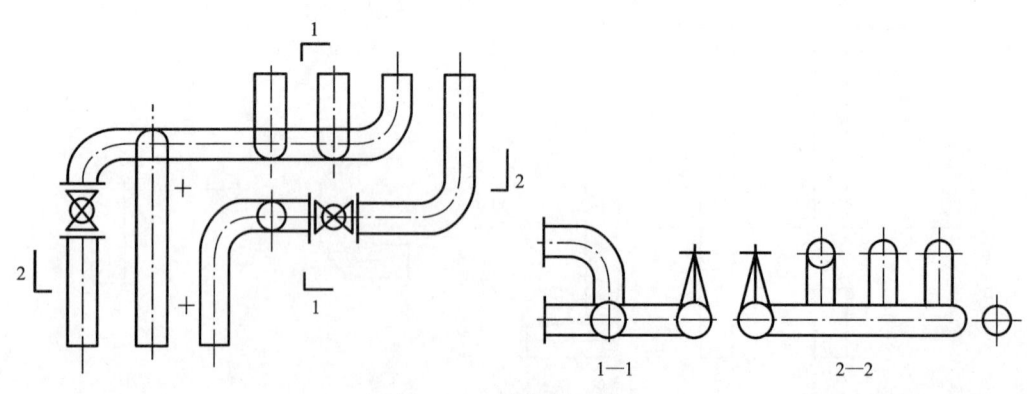

图 2-16 管道剖面图

第三节 管道施工图的组成

一、工艺管道施工图

管道安装工主要是识读工艺管道施工图。所谓工艺管道施工图，是指在工矿企业中，特别是在石油、化工企业中，按照生产工艺流程的要求，用管道把单个的机械、设备或车间连接成完整的生产工艺系统，这类管道叫工艺管道，它的施工图称为工艺管道施工图，简称工艺管道图。

（一）工艺管道施工图的组成

工艺管道施工图由基本图和详图两大部分组成。基本图包括图纸目录、施工说明、设备材料表、平面图、立面图、流程图、轴测图等，详图包括节点图、大样图、标准图。

1. 图纸目录

图纸目录是设计人员把全部施工图纸按其编号、图名顺序填入图纸目录表格所得，同时表头上标明建设单位、工程项目、分部工程名称、设计日期等。图纸目录装订了封面，以便查阅。

2. 施工说明

施工说明是本设计部分工程概述、设计依据、施工及验收标准规范、主要技术参数，基本（通用）要求和特殊要求，注意事项及其他说明。施工说明用于指导施工技术准备和施工作业。

3. 材料表

材料表是用表格形式把该项工程设计图中的主要管道、管件、阀门等名称、规格、型号、数量进行汇总的明细表，用于工程规划和材料计划时参考。

4. 设备表

在设备表中列出单项工程所有设备的位号（编号）、名称、型号、规格、技术参数（如主要介质名称、工作压力、工作温度等）、材质、质量以及需要说明的问题。

5. 流程图

管道流程图（PID）借助统一规定的图形符号和文字代号，用图示方法把建立工艺装置所需的全部设备、仪表、管道及主要管件，按其各自功能及工艺要求组合起来，描述工艺装置的功能和作用。

6. 平面布置图

管道平面布置图一般根据分层进行设计,按比例绘制图,用于施工前的各类专业会审、现场施工前的规划,指导现场施工逻辑及作业。图 2-17 所示为某草坪喷灌供水平面图。

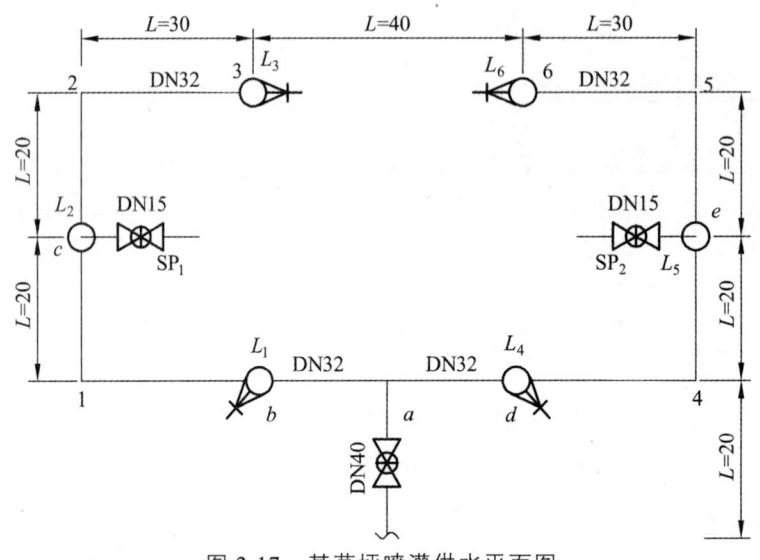

图 2-17 某草坪喷灌供水平面图

7. 轴测图

管道轴测图,工程中又称之为管道单线图、ISO 图或管段图等,它是将每条管道按照轴测投影方法,绘制成由单线表示的管道轴测图(见图 2-18)。管道轴测图便于施工进度的编制、材料的控制、工厂化预制和管道质量检验/检测等。

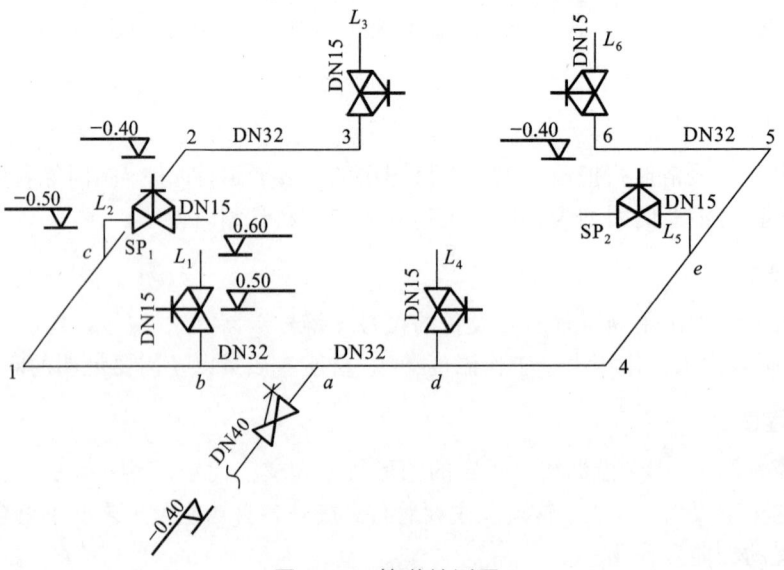

图 2-18 管道轴测图

管道轴测图能加快施工进度、保证施工质量以及核级管道的规范管理。

8. 立面图和剖面图

立面图和剖面图主要表示设备和管道的立面布置情况，如设备与管道、管道与管道的连接关系，管线在垂直方向上的排列和走向，以及管线编号、管径、标高、坡度、坡向等。在室外管道工程中，沿管道（或管沟）轴线方向垂直剖切所得的剖面图为纵剖面图，垂直于管道（或管沟）轴线剖切所得的视图为横剖面图。

9. 节点图

节点图是对平面图或其他施工图中表达不清楚部位的局部放大图。它能清楚地表示某一部分管道的详细尺寸、材料及施工做法，指导正确施工。

10. 大样图

对设计采用的某些非标准化的加工件（如管件、零部件、非标设备等），应采用较大比例（如1∶5、1∶10等）绘出其大样图，以满足加工、装配、安装的实际要求。

11. 标准图

标准图又称通用图，是统一施工安装技术要求，具有一定法令性的图纸，设计时不再重复制图，只选用标准图号即可，施工中应严格按照指定图号的图样进行安装。标准图可以反映设备、器具、支架、附件等的具体安装位置和详细尺寸。

12. 支架组装图

支架组装图是对支架进行预制和安装的重要依据。管道支架的作用是支撑管道并限制管道的变形和位移，承受从管道传来的各种压力。

（二）工艺管道施工图的特点

工艺管道图的特点是线条简单、图形复杂。工艺管道图不仅需反映出管子、管件、阀门、支架、设备、仪表等的形状、位置和尺寸，而且需反映出管路内介质的性质、温度、压力和流向等。

二、管道图例及代号

管道图例见表2-4，管道施工图中的常用线型见表2-5。

表2-4 管道图例

序号	名称	图例	序号	名称	图例
1	给水管	——G——	3	平面立管	——○——
2	回水管	——H——(虚线)	4	金属软管	～～～

续表

序号	名称	图例	序号	名称	图例
5	保温管		19	密闭式弹簧安全阀	
6	伸缩器		20	开启式弹簧安全阀	
7	套管		21	异径管	
8	丝堵		22	偏心异径管	
9	闸阀		23	堵板	
10	压力调节阀		24	法兰	
11	升降式止回阀		25	法兰连接	
12	旋启式止回阀		26	丝堵	
13	减压阀		27	入口	RK
14	电动闸阀		28	流量孔板	
15	滚动闸阀		29	放气管	
16	自动阀门		30	防雨罩	
17	带手动装置的阀门		31	地漏	
18	浮力调节阀		32	压力表	

表 2-5　常用线型

序号	名称	线型	宽度	适用
1	粗实线		b	1. 管道； 2. 图框
2	中实线		$b/2$	1. 辅助管线； 2. 支线
3	细实线		$b/4$	1. 管道阀门的图线； 2. 建筑物、设备的轮廓线； 3. 尺寸标线
4	粗点画线		b	主要管线
5	点画线		$b/4$	1. 定位轴线； 2. 中心线

续表

序号	名称	线型	宽度	适用
6	粗虚线	-----	b	1. 地下管线; 2. 遮盖管线
7	虚线	- - - - -	b/2	1. 设备内辅助线; 2. 自控仪表连线; 3. 不可见轮廓线
8	波浪线	∿∿∿	b/4	1. 边界线; 2. 构造层次的局部界线

三、管道施工图的表示方法

（一）标高

地面点到高程基准面的铅垂距离，称为该点的标高。标高分绝对标高和相对标高两种。

我国把青岛黄海平均海水面定为绝对标高的基准面，其绝对标高为零，记作±0.000。地面上某点到黄海平均海水面的铅垂距离，叫作该点的绝对标高。

相对标高以任意指定的水平面为基准面，其标高定为±0.000。地面上某点到该指定水平面的铅垂距离，叫作该点的相对标高。

标高以米为单位，标高数值一般注写到小数点后三位，如3.300。

管道标高应标在起讫点、转角点、连接点、变坡点、交叉点等处。

（二）坡度及坡向

坡度表示管道相对水平线或水平面的倾斜程度，用 i 表示（如1%表示 $i = 0.01$）。坡向用箭头表示，箭头指向低的一端，如图2-19所示。

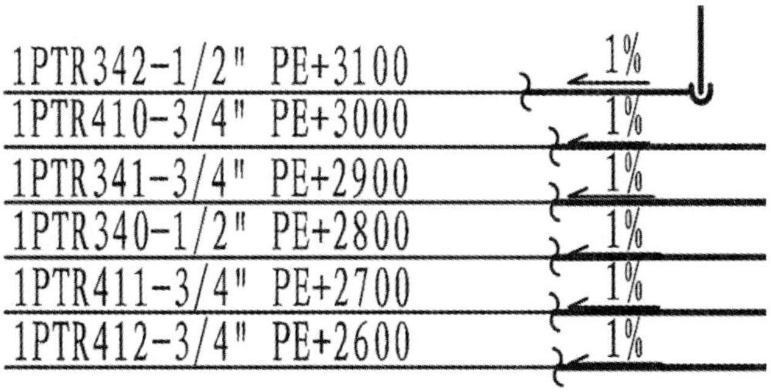

```
1PTR342-1/2"  PE+3100        1%
1PTR410-3/4"  PE+3000        1%
1PTR341-3/4"  PE+2900        1%
1PTR340-1/2"  PE+2800        1%
1PTR411-3/4"  PE+2700        1%
1PTR412-3/4"  PE+2600        1%
```

图2-19 管道坡度

（三）方向标

管道施工图中的方向标通常为指北针（见图 2-20）或风玫瑰图（见图 2-21）。

图 2-20　指北针　　　　　图 2-21　风玫瑰图

（四）管径标注

管径尺寸一般以 mm 为单位，在标注时，只注代号和数字，而不注单位。管径以公称直径 DN 表示，如 DN15；无缝钢管、直缝或螺旋缝电焊钢管，管径以外径×壁厚表示，如 D108×4；耐酸瓷管、混凝土管、钢筋混凝土管等，管径应以内径 d 表示。

第四节　核岛管道施工图的识读

一、管道施工图的组成

（一）管道平面综合布置图（PIPING PLAN VIEW）

管道平面综合布置图明确表示了管道所在区域上管道与管道、管道与土建结构之间的相互关系，它是安装人员进行管道定位和合理安排施工顺序的一个重要依据。管道平面综合布置图上主要包括：区域、房间、管线号、管线标号、管线定位尺寸等内容。值得一提的是：对于大于 2″直径的管线，在该图上以双线绘制。

（二）等轴图（ISOMETRICS）

等轴图是将系统的某一管线或某几根管线按照设计划分原则分成若干段，每一段按类似正轴测图的方向绘制而成。主要内容包括：管线号、管段号、焊缝号（现场焊与预制焊）、管道标高、位置尺寸、管道及零件的材料、房间号、区域号、材料跟踪表、RCCM 级别、清洁度级别（内部清洁度级别）、介质、管道级别、保温与否、上下游接口等信息。

（三）支架图

支架图是描述支架功能、结构形式、尺寸、安装位置、材料等信息的预制和安装图纸。主要内容包括：房间号、区域号、机组、支架编号、支架功能、支架的材料及材料的跟踪、支架与房间与墙及坐标的相互关系。

（四）设备图

设备图描述了某些特殊部件，如贯穿件、流量测量孔板、分支管接头（BOSS）、漏斗、半连管节等部件的详细尺寸，接头形式及焊缝要求可作为加工制作的依据。核电工程中，有很大一部分管件以成品形式供货，仅有一小部分要预制。这些部件在等轴图上已列出相应的材料表，且等轴图上已列出相应图号。这类图纸是配套等轴图使用的一种图纸。

（五）详细布置图

详细布置图更详细地描述了管道及其相关的其他机电包的管道、设备情况，一般情况下该类图纸不发到现场，当需要了解其他设备与管道位置的相对尺寸时，才用来参考。

（六）支架位置指示图

支架位置指示图描述了支架与土建结构的位置关系。根据设计单位不同，支架位置指示图表示的支架位置的方式不同，有的设计单位，支架位置指示图仅表示相对位置。支架位置指示图的最大特点是重点表示支架位置，而管道位置并不明确表示（有的情况下也会表示管道位置）。

（七）水压试验流程图

水压试验流程图作为水压试验的依据，按试验系统进行划分。图中规定了试验边界、工作压力、试验压力、试验温度、试验介质以及相应的管线号、等轴图号、阀门、相关设备等。值得注意的是：水压试验回路上明确了试压时的注水、排水、放空点的相对位置，要想知道真正位置，请按相关的等轴图查询。

二、图纸状态

图纸状态见表 2-6，图纸的升版顺序见表 2-7。

表 2-6 文件状态表

代号	英文名称	中文名称
PRE	PRELIMINARY	待批准的预备状态
CFC	CERTIFIED FOR CONSTUCTION OR FOR USE	已核准,可执行工作状态
VFC	VERIFIED FOR CONSTRUCTION	已核准,可进行安装的有效状态
VFT	VERIFIED FOR TEST	已核准,可进行试验的有效状态
CAE	CERTIFIED AS EXECUTED OR AS BUILT	竣工状态

表 2-7　图纸的升版顺序

升版顺序 1	A、B、C…
升版顺序 2	A1、A2、A3…
升版顺序 3	AA、AB、AC…

三、图例及代号

（一）图纸和支架手册中的符号、字母代号及缩写

图纸和支架手册中的符号、字母代号及缩写见表 2-8。

表 2-8　图纸和支架手册中的符号、字母代号及缩写

符号或缩写	英文解释	中文解释	图纸类型
EL	ELEVATION	标高	
PE	CENTER ELEVATION	中心标高	
FW	FIELD WELD	现场焊	
FPW	FULL PENETRATION WELD	全透焊	
TOS	TOP OF STEEL	钢梁顶部、钢件顶部	
TOP	TOP OF PIPE	管道顶部标高	
&	AND	和，或	
UPE	channel	槽钢	支架图
THK	THICKNESS	厚度	
TOP VIEW		俯视	
PLAN	PLAN	平面	
ELEV	ELEVATION	正视、立面图	
DETAIL	DETAIL DRAWING	详图	
V3210	WALL NUMBER	墙壁标识	等轴图
750+50	750 THEORETICAL	理论尺寸（750）现场调节尺寸（50）	
	DIMENSION 50 ADJUSTMENT DIMENDION	尺寸（800）	
SS	STAINLESS STELL / SEAMLESS	不锈钢/无缝	
------------	INSULATED	保温	等轴图
CS	COMMON	公用支架	
PL	PLATE	板材，钢板	
▬▬▬▬ ------		伴热管道	等轴图

（二）等轴图图例符号

等轴图图例符号见表2-9。

表2-9　等轴图图例符号

图例	英文名称	中文名称	适用条件
	INSERT REDUER REDUCED COUPLING	承插式大小头，大小头联管节	$\phi \leqslant 2''$
	FLANGE + BLIND FLANGE（SW）	（承插焊）法兰+盲板法兰	$\phi \leqslant 2''$
	FLANGE ASSEMBLY（SW）	法兰连接，配对法兰（法兰与接管为承插焊）	$\phi \leqslant 2''$
	FLANGE ASSEMBLY WITH ORIFICE PLATE	带节流孔板的法兰组件	$\phi \leqslant 2''$
	UNION COUPLING	螺纹联管节	$\phi \leqslant 2''$
	BENDLING	弯管	$\phi \leqslant 2''$
	MANUAL VALVE	手动阀	$\phi \leqslant 2''$

续表

图例	英文名称	中文名称	适用条件
	SAFETY VALVE	安全阀	$\phi \leqslant 2''$
	PNEUMATIC VALVE	气动阀	$\phi \leqslant 2''$
	CHECK VALVE	止回阀	$\phi \leqslant 2''$
	DRAIN TRAP	疏水器	$\phi \leqslant 2''$
	FLOW INDICATOR	流量指示器	$\phi \leqslant 2''$
	FUNNEL	漏斗	$\phi \leqslant 2''$
	WALL PENETRATION	穿墙管，贯穿件	
	HORIZONTAL OFFSET OR PIPE ORIENTATION IN THE GLOBAL AXIS SYSTEM	在三维坐标中，管道水平方向的任意转向	所有直径

续表

图例	英文名称	中文名称	适用条件
	VERTICAL OFFSET	管道垂直转向	所有直径
	COMPOUND OFFSET	空间转向	所有直径
	DIRECTION OF FLOW	介质流向	所有直径
	SLOPE	管道坡度及方向	所有直径
	PIPE SUPPORT	管道支架	所有直径
	ANGLE FORMED BY WALLS AND WALL NUMBERS	墙角及墙壁标识号	

续表

图例	英文名称	中文名称	适用条件
	AXIS SYSTEM (GENERALLY FOR EQUIPMENT), IF RB, REACTOR, BUILDING AXIS	坐标系（通常指设备），如果是"RB"则指反应堆厂房轴线	等轴图
	NOZZLE	接嘴，接管	
	TEMPERATURE NOZZLE	温度检测接嘴，测温接管	
	INSTRUMENTATION MARK	自控仪表标示符号	
	WORKSHOP WELD（BW）	车间焊接（对接焊）	$\phi>2''$
	FIELD WELD AT ERECTION（BW）	安装时现场焊（对接焊）	$\phi>2''$
	ADJUSTMENT LENGTH AND FIELD WELD AT ERECTION（BW）	现场调整长度及现场焊（对接焊）	$\phi>2''$
	SAFETY VALVE	安全阀	所有直径
	THREE GATE VALVE	三通阀	所有直径
	MASK FOR SPECIAL COMPONENT AND MARK（SEE PIPING COMPONENT BOOK）	特殊部件及标志的防护罩（见管道零部件手册）	

续表

图例	英文名称	中文名称	适用条件
	NIPPLE	螺纹管接头、螺纹接管	
	PIPE CROSSING THROUGH METALLING FLOOR	管道穿过金属楼面的表示方法	
	PIPE CROSSING THROUGH CONCRETE FLOOR OR WALL	管道穿过混凝土楼面的表示方法	
	MARK FOR STRAIGHT PIPE RUNS	直管段标示符号	
	ROOM NUMBER	房间号	
	SUPPIY LIMIT	供货界线	
	GENERAL AXIS SYSTEM	坐标，坐标系	
	SOCKET WELD CONNECTION TO A NOZZLE	与接管承插焊连接	$\phi \leqslant 2''$

续表

图例	英文名称	中文名称	适用条件
	COUPLING	联管节	$\phi \leq 2''$
	HALF GOUPLING	半联管节	主管>2'' 支管≤2''
	CAP	管帽、管封头	$\phi \leq 2''$

（三）图纸的其他说明

CI：接等轴图（Continue Isometric）。
A⋯：车间焊口号（number of shop weld）。
M⋯：现场焊口号（number of field weld）。
FW=现场焊（field weld）。
FPW=全透焊（full penetration）。

四、核岛管道施工图的识读方法

（一）识图方法

一般应遵循从整体到局部、从大到小、从粗到细的原则，同时要将各种图样对照看，以便逐步深入和逐步细化。看图过程是一个从平面到空间的过程，必须利用投影还原的方法，再现图样上各种线条、符号所代表的管线、阀门、在线部件、设备的空间位置及管线的走向。

（二）管道平面综合布置图识读内容

（1）首先看标题栏，从标题栏中应了解图名、图号、文件编码、设计单位等。
（2）了解建筑物的朝向、基本构造、轴线分布及有关尺寸。
（3）了解设备的编号、名称、平面定位尺寸、接管方向及其标高。
（4）掌握各条管线的编号、平面位置、管道及管线附件的规格、型号、数量。

（三）等轴图的识读内容

（1）首先看标题栏，从标题栏中应了解图名、文件编码、设计单位、版本等。
（2）掌握各管线系统的空间立体走向，弄清楚管线标高、坡度及管线的走向。
（3）了解各管线之间的连接方式，掌握管件、阀门的规格、型号、数量。
（4）了解管线与设备的连接方式、连接方向及要求。
（5）了解管线的 RCCM 级别、清洁度级别（内部清洁度级别）、介质、管道级别。

（四）支架图的识读内容

（1）首先看标题栏，从标题栏中应了解图名、文件编码、设计单位、版本等。
（2）掌握支架的功能、支架材料的规格、型号、数量。
（3）了解支架所支撑管道的管线号、管道级别和尺寸。
（4）了解支架安装的方向问题，一级支架是安装在墙、地面还是天花板上。

（五）水压试验流程图的识读内容

（1）首先看标题栏，从标题栏中应了解图名、文件编码、设计单位、版本等。
（2）掌握试验边界、工作压力、试验压力、试验温度、试验介质等。
（3）了解相应的管线号、阀门、相关设备等。

> **思考与练习**

1. 画出异径四通、法兰阀的单、双线图（见图 2-22、图 2-23）。

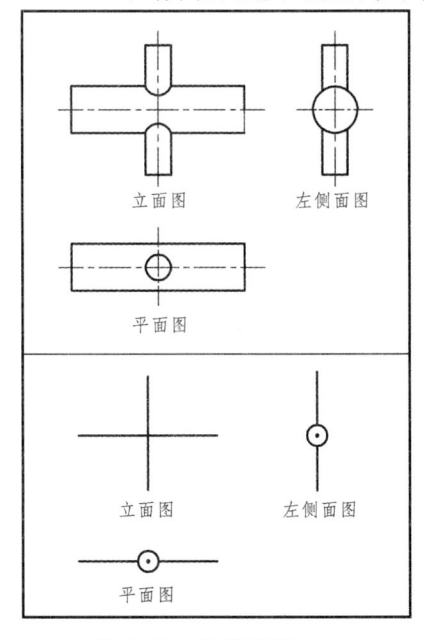

图 2-22 异径四通

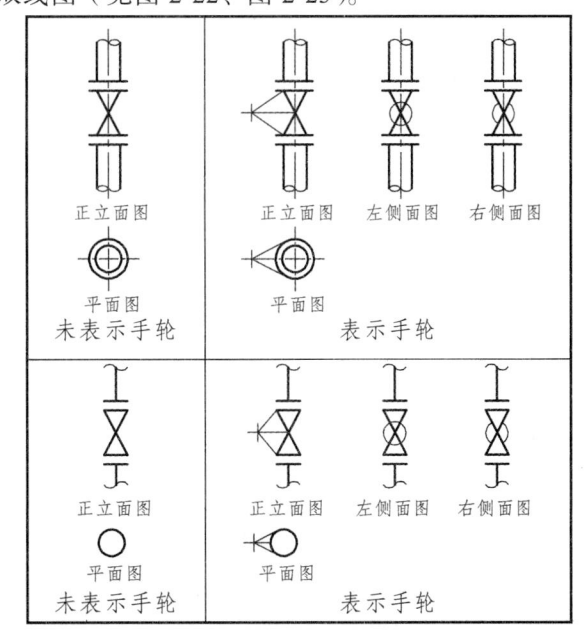

图 2-23 法兰阀

2. 轴测图练习（见图 2-24）。

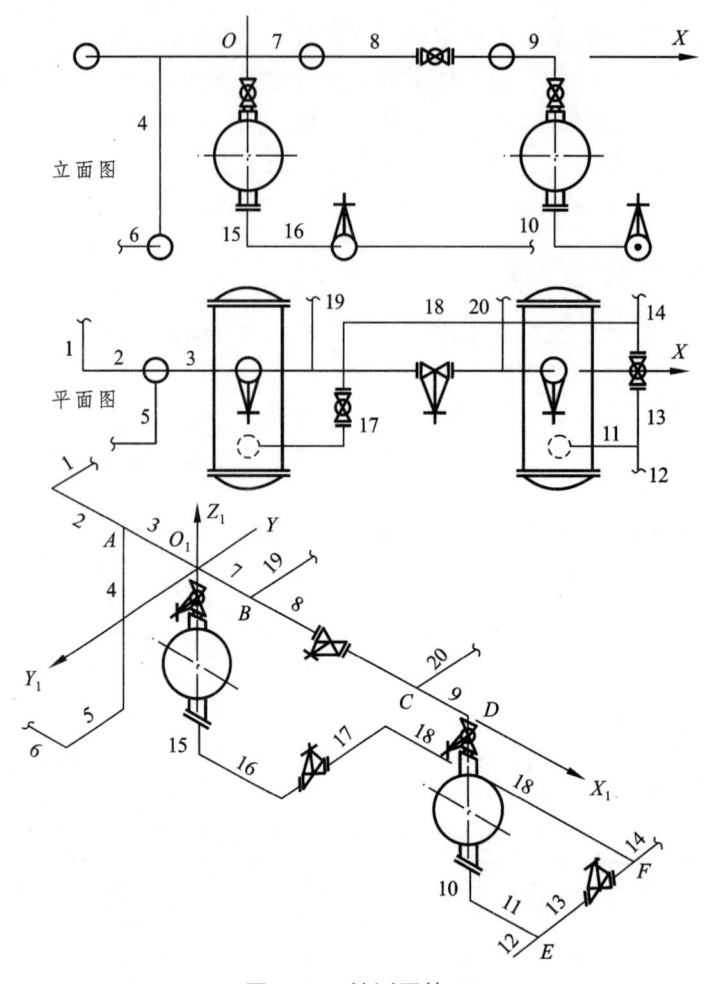

图 2-24　轴测图练习

第三章

管道工程常用材料及机具

- 第一节　管道及其附件……………………050
- 第二节　管道工程常用的辅助材料………056
- 第三节　管道工程安装常用的工量具………060
- 思考与练习…………………………………070

管道工程常用材料与工具

第一节　管道及其附件

管道是指用管子、管子连接件和阀门等连接成的用于输送流体介质的装置，也是与流体介质直接接触的部分。工艺管道系统中使用的管道材料，一般包括管子、管件、阀门、法兰、垫片和紧固件以及其他管道组成件，例如过滤器、金属软管、阻尼器等。

以下分别介绍管道常用材料。

一、管子

管子是用于管道中输送各种流体的设备。管子断面通常为圆形，也有制成非圆形截面的异形管。管子材料的分类方法很多，按材质分类可分为金属管、非金属管和钢衬非金属复合管。非金属管主要有橡胶管、塑料管、水泥管、环氧树脂玻璃钢管等。

（一）金属管

1. 焊接钢管

焊接钢管是指用钢带或钢板弯曲变形为圆形、方形等形状后再焊接成的、表面有接缝的钢管，焊接钢管采用的坯料是钢板或钢带，也称为有缝钢管。焊接钢管根据焊缝的形状可分为直缝钢管（见图 3-1）和螺旋缝钢管（见图 3-2）。

图 3-1　直缝钢管　　　　图 3-2　螺旋缝钢管

焊接钢管的用途一般有：

（1）石油化工：焊接钢管在石油化工行业中被广泛使用，主要用于输送石油、天然气、化学品等各种介质。

（2）天然气输送：焊接钢管是天然气输送系统中的重要组成部分，它具有良好的压力耐受能力和防腐能力。

（3）建筑结构：焊接钢管可用于建筑领域的结构支撑和管道连接，如桥梁、建筑物、通风系统等。

（4）水利工程：焊接钢管在各类水利工程中也有较为广泛的应用。例如，水厂和污水处理厂中的输水管道，水坝和水电站的引水管道、排水系统以及灌溉设施等都需要使用焊接钢管。

（5）供热、供暖系统：焊接钢管在供热、供暖系统中经常被使用。例如，中央供暖系统中的热水管道、蒸汽供应系统中的蒸汽管道等都需要使用焊接钢管。焊接钢管的高强度和耐高温特性使其成为理想的选择。

2. 无缝钢管

无缝钢管是由整支圆钢穿孔而成的、表面上没有焊缝的钢管（见图 3-3）。无缝钢管主要用作石油地质钻探管、石油化工用的裂化管、锅炉管、轴承管以及汽车、拖拉机、航空用高精度结构钢管。无缝钢管是工业管道中用量最大、品种规格最多的管材，主要分为流体输送用无缝钢管和带有专用性的无缝钢管两大类，工艺管道常用的是流体输送用无缝钢管。

图 3-3　无缝钢管

3. 铜管

铜管分紫铜管和黄铜管两种。铜管是一种多用途的金属材料，具有良好的导热性、导电性、耐腐蚀性和美观性，在多个领域都有广泛的应用。在工业上铜管用于制造化工设备、石油设备、热交换器、冷却器等，也常用在空调系统、冷冻设备中，用于传输水和气体。

4. 钛管

钛管质量轻、强度高，机械性能优越。它广泛应用于热交换设备，如列管式换热器、盘管式换热器、蛇形管式换热器、冷凝器、蒸发器和输送管道等。很多核电工业企业把钛管作为其机组标准用管。

（二）非金属管

非金属管主要有橡胶管、塑料管、水泥管、PE 波纹管、玻璃钢管等。

(1) 橡胶管：具有良好的柔韧性和弹性，通常用于输送液体或气体，特别是在需要弯曲或者软管的场合。

(2) 塑料管：如图 3-4、图 3-5 所示，它轻便且耐腐蚀，适用于多种流体的输送，包括饮用水、废水和化学品。

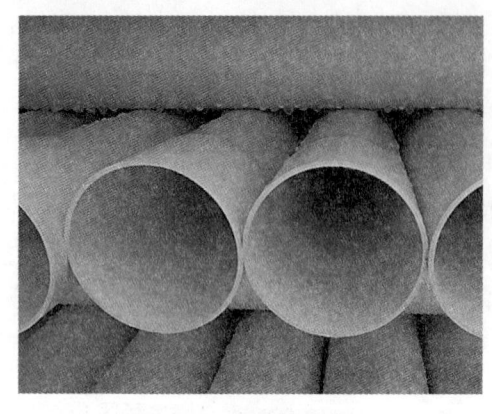

图 3-4　聚氯乙烯管　　　　　　　图 3-5　聚乙烯管

(3) 水泥管：具有良好的耐久性和抗腐蚀性，常用于下水道系统和一些工业用途。

(4) PE 波纹管：因其强度高、连接方便、价格低廉、使用寿命长的特征，适合于生活排水系统。

(5) 玻璃钢管（也称为纤维增强塑料管）：结合了玻璃的耐腐蚀性和钢材的强度特点，用于各种腐蚀性流体的输送。

（三）复合管

复合管材是以金属与热塑性塑料复合结构为基础的管材，内衬塑聚丙烯、聚乙烯或外焊接交联聚乙烯等非金属材料成型，具有金属管材和非金属管材的优点。

复合管具有耐腐蚀性，这是由于其内部材料如 PVC（聚氯乙烯）、CPVC（氯化聚氯乙烯）、PE（聚乙烯）、PP（聚丙烯）、PB（聚丁烯）等具有良好的化学稳定性；同时，它还克服了单一材料在高温下强度不足的问题，外层材料如 FRP（玻璃钢）提供了额外的机械强度和耐温性能。

复合管的应用非常广泛，包括排水工程、化工输送、建筑给排水等多个领域。例如，衬塑钢管既具有钢材的强度、又具有塑料的耐腐蚀的特性，在化工、核电等多个领域得到了广泛应用。

二、管件

管件是管道系统中起连接、控制、变向、分流、密封、支撑等作用的零部件的统称。

根据管件在管道系统中的作用不同，管件分为多种类型（见图 3-6），例如，用于管子互相连接的管件（如法兰、活接、管箍等）、改变管子方向的管件（如弯头、弯管）、增加管路分支的管件（如三通、四通）、用于管路密封的管件（如垫片、生料带）、连接不等径管道用的大小头和用于管路固定的管件（如卡环、拖钩、吊环等）。

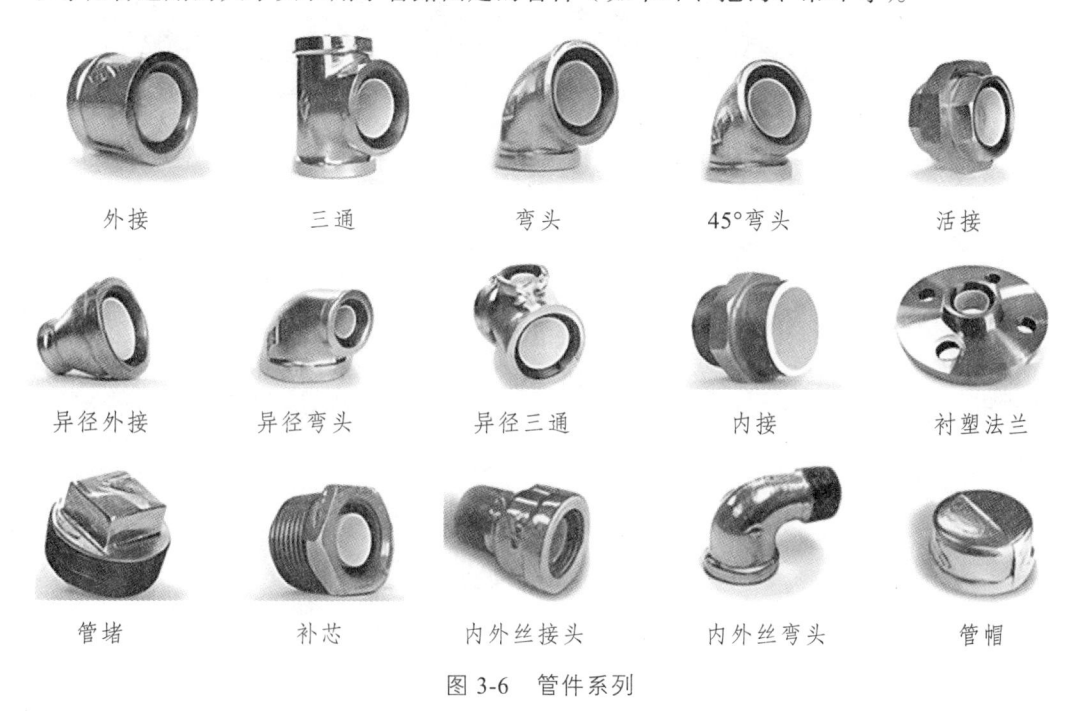

外接　　三通　　弯头　　45°弯头　　活接

异径外接　　异径弯头　　异径三通　　内接　　衬塑法兰

管堵　　补芯　　内外丝接头　　内外丝弯头　　管帽

图 3-6　管件系列

三、法兰、垫片及紧固件

（一）法兰

法兰，又叫法兰盘或突缘，是固定在设备或管子一端、带螺栓孔的圆盘。法兰都是成对使用的，其作用是通过两法兰之间的螺栓连接及两互相配合的垫片密封，以保证设备或管道系统之间的连接不发生泄漏。法兰的特点是安装拆卸灵活，又具有可靠的密封性。

法兰按连接方式可分为螺纹连接（丝扣连接）法兰、焊接法兰和卡夹法兰。各类法兰如图 3-7 所示。

工艺管道输送的介质种类繁多，温度和压力也不同，因此对法兰的强度和密封性能提出了不同要求。下面对核电常用的法兰做简要介绍。

承插法兰　　对焊法兰　　法兰盖

松套法兰　　　　　　　螺纹法兰　　　　　　　平焊法兰

图 3-7　各种法兰及名称

1. 平焊法兰

平焊钢法兰（见图 3-8）是中低压工艺管道中最常用的一种法兰。这种法兰与管子的固定形式是将法兰套在管端，并焊接法兰里口和外口，使法兰固定。

平焊法兰结构简单，用料省，被广泛应用于中低压容器和管道的连接。

图 3-8　平焊钢法兰

2. 对焊法兰

对焊钢法兰（见图 3-9）也称高颈法兰，其刚度、强度高，不易变形、密封性能较好，有多种形式的密封面，适用的压力范围很广。

3. 带颈承插焊法兰

承插焊法兰（见图 3-10）是指管子端部插入法兰环阶梯内、在管端及外侧焊接的法兰。有带颈和不带颈两种。带颈管法兰的刚性好，焊接变形小，密封性较好，可用于压力为 1.0~10.0 MPa 的场合。

图 3-9　对焊法兰 　　　　　图 3-10　带颈承插焊法兰

4. 带颈平焊法兰

带颈平焊法兰同板式平焊法兰一样也是将钢管、管件等伸入法兰内,通过角焊缝与设备或管道连接的法兰(见图 3-11)。

带颈平焊法兰采用橡胶或金属垫片等密封元件,能够保证连接的密封性能,避免泄漏现象发生,因此这种法兰能够承受较大压力,适用于高压管道。

5. 松套法兰

松套法兰一般指活套法兰(见图 3-12),其突缘可采用翻边、直接车出或另外焊接圆环等方式制成。优点是法兰变形时对容器或管道不产生附加力矩,制造方便,可采用与容器或管道不同的材料制造,节省贵重金属,降低成本;缺点是法兰厚度较大。它适用于压力不高的管道系统。

图 3-11　带颈平焊法兰　　　图 3-12　松套法兰

(二)法兰垫片

泄漏是管道法兰失效的主要形式,它与密封结构形式、被连接件的刚度、密封件的性能、操作和安装等诸多因素有关。垫片是法兰连接的主要密封件,因而正确选用垫片是保证法兰连接不泄漏的关键。法兰垫片的选用根据管道所输送介质的腐蚀性、温度、压力及法兰密封面的形式来决定,种类有金属缠绕垫片(见图 3-13)、石墨垫片(见图 3-14)、橡胶垫片、石棉垫片、金属垫片等。

图 3-13　金属内外环缠绕垫片　　　图 3-14　石墨垫片

(三)法兰用紧固件

用于连接法兰的紧固件由螺栓、螺母和锁片组成,如图 3-15 所示。

图 3-15 法兰用螺栓、螺母

四、膨胀节

膨胀节习惯上也叫补偿器或伸缩节,由构成其工作主体的波纹管(一种弹性元件)或金属软管和端管、支架、法兰、导管等附件组成。

膨胀节是一种能吸收管道或容器由于温度变化引起的热胀冷缩而产生尺寸变化的装置,如图 3-16、图 3-17 所示。

图 3-16 波纹管膨胀节

图 3-17 金属软管膨胀节

第二节 管道工程常用的辅助材料

要形成一个完整的管道系统,仅有管材、管件和阀门是不够的,还应有一些其他材料对管道系统进行固定、密封、防锈等。以下介绍管道安装常用的辅助材料。

一、常用的型钢

在管道工程中，型钢主要是制作管道支架和支座等的材料，常用的型钢主要有角钢、槽钢、工字钢、钢板等。核岛辅助管道工程中所用的型钢多为碳素结构钢。

（一）角钢

管道工程中使用的角钢有等边角钢和不等边角钢两种，主要用于制作管道支架等。其规格以边宽度（b）×边宽度（b）×边厚度（d）的毫米数表示。例如，角钢 30×30×4 表示两边宽度均为 30mm、边厚度为 4mm 的等边角钢，如图 3-18 所示。

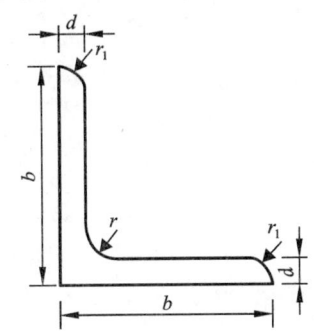

r—内圆弧半径；r_1—边端内圆弧半径。

图 3-18　等边角钢

（二）槽钢

槽钢是截面为凹槽形的长条钢材，属于建造用和结构用碳素结构钢，其规格以高度（h）×宽度（b）×厚度（d）的毫米数表示，如图 3-19 所示。例如，槽钢 100×48×5.3，表示高度为 100 mm、宽度为 48 mm、厚度为 5.3 mm 的槽钢，也就是我们通常所说的 10 号槽钢。对于槽钢型号来讲，其号数就是槽钢的高度（注意，此时高度的单位是 cm，而不是 mm）。

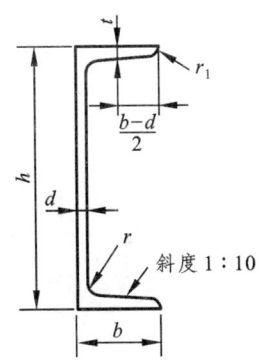

r—内圆弧半径；r_1—腿端圆弧半径；t—平均腿厚度。

图 3-19　槽钢

（三）工字钢

工字钢是截面为工字形状的长条钢材，主要用于制作管道及其设备支架等，其规格以高度（h）×宽度（b）×厚度（d）的毫米数表示，如图 3-20 所示。例如，工字钢 100×68×4.5 表示高度为 100 mm、宽度为 68 mm、厚度为 4.5 mm 的工字钢，也就是我们通常所说的 10 号工字钢。对于工字钢型号来讲，其号数就是工字钢的高度（注意，此时高度的单位是 cm，而不是 mm）。

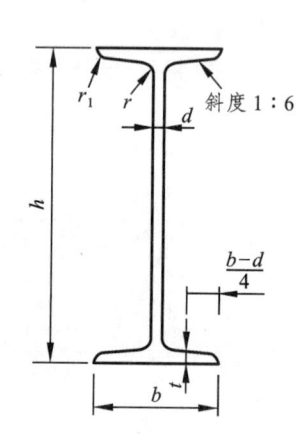

r—内圆弧半径；r_1—腿端圆弧半径；t—平均腿厚度。

图 3-20　工字钢强重比

（四）H 型钢

H 型钢是一种截面面积分配更加优化、强重比更加合理的经济断面高效型材，因其断面与英文字母"H"相同而得名。H 型钢具有在各个方向上都抗弯能力强、施工简单、节约成本和结构重量轻等优点，已被广泛应用。

H 型钢规格表示（mm）：高度（h）×宽度（b）×腹板厚度（t_1）×翼缘厚度（t_2），如图 3-21 所示。

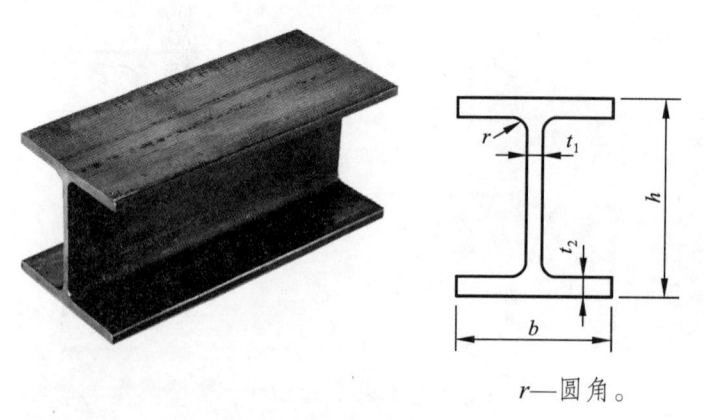

r—圆角。

图 3-21　H 型钢

（五）钢板

钢板是用钢水浇注、冷却后压制而成的平板状钢材。它是平板状，矩形的，可直接轧制或由宽钢带剪切而成，如图 3-22 所示。钢板的种类较多，管道工程使用的主要是碳钢板、不锈钢板等。薄钢板尺寸的表示方法：厚度×宽度×长度，单位 mm。钢板在管道安装工程中主要用于制作管道支架等。

图 3-22 钢板

二、管道安装防腐材料

管道防腐是指为了减缓或防止管道在内外介质的化学、电化学作用下或因微生物的代谢活动而被侵蚀和变质所采取的措施。

常用的管道防腐材料有：

（1）PE 涂层：即聚乙烯涂层，它具有良好的耐腐蚀性和耐候性，适用于多种环境条件下的管道保护。

（2）环氧有机涂层：具备优秀的抗化学腐蚀性能，常用于碳钢管道的保护。

（3）石油沥青：传统的防腐材料，通过覆盖一层沥青来隔绝腐蚀介质，适用于土壤和水中的管道防腐。

三、管道安装密封材料

管道密封的作用是确保流体在管道、阀门和其他连接部件中的安全密封，以避免泄漏和损失。

常用的管道密封材料有：

（1）橡胶：是一种广泛使用的密封材料，它具有良好的弹性、耐磨性和抗老化性。不同种类的橡胶，如丁腈橡胶、氟橡胶等，可以根据不同的工作环境和要求进行选择。

（2）聚四氟乙烯（PTFE）：也称为特氟龙，它是一种具有优异化学惰性的塑料材料，能够在极端温度下保持稳定,并且具有很低的摩擦系数。

(3)石墨:是一种耐高温且具有良好导电性能的材料,适合用作高温或电导性环境中的密封材料。

(4)密封胶:这也是常用的密封材料,它通常用于填充缝隙或接缝,以提供气密或水密的密封效果。

第三节 管道工程安装常用的工量具

一、常用工机具

(一)角向磨光机

角向磨光机(见图 3-23)可用于加工和磨光各种不规则形状的零件,包括从小型金属零件到工业管道的加工和磨光。

图 3-23 角向磨光机

角向磨光机的使用注意事项:

(1)作业前的检查应符合下列要求:外壳、手柄不出现裂缝、破损;电缆软线及插头等完好无损,开关动作正常;防护罩齐全牢固,保护装置可靠。

(2)操作者必须规范地佩戴合适的个人防护装备,包括防护面罩、耳塞、防尘口罩、工作服、安全鞋等。

(3)新领用的或检修过的、更换了配件和砂轮片的磨光机,需要空转试运行 1~2 分钟,检查并确认机具联动灵活无卡阻。

(4)在使用角向磨光机时,要远离易燃物品,放置挡火板,防止引发火灾。

(5)使用角向磨光机时应握牢手柄,并保留足够的操作空间,加力应平稳。

（6）当作业时间过长、机体温度过高时应停机，等其自然冷却后再进行作业。

（7）作业中发现异常时应立即停机，交专业人员检修，不得私自拆开和维修磨光机。

（8）在经常清理电动工具的通风口，应避免过多的金属粉末沉积，以免给电器带来危险。

（9）在磨光机停用时应断开电源，避免磨光机误运转伤人。

（二）砂轮切割机

砂轮切割机又叫砂轮锯，它适用于建筑、五金、石油化工、机械冶金及水电安装等部门。砂轮切割机（见图3-24）是切割金属管、方扁钢、角钢、槽钢、圆钢等材料的常用设备。

图 3-24　砂轮切割机

砂轮切割机的使用注意事项：

（1）工作前必须规范地佩戴劳保用品。

（2）砂轮切割机应放在平稳的地面上，应远离易燃物品，放置挡火板。

（3）检查设备是否有合格的接地线和漏电保护装置。确认砂轮切割机是否完好，砂轮片是否有裂纹缺陷，禁止使用带病设备和不合格的砂轮片。

（4）被切割的材料要用台钳夹紧，并且在切料时人必须站在砂轮片的侧面。

（5）试启动运转应平稳，切料时不可用力过猛或突然撞击，遇到异常情况要立即关闭电源。

（6）更换砂轮片前应关闭空开，并要对砂轮片进行检查确认。

（7）工作完毕关闭空开，擦拭砂轮切割机表面灰尘和清理工作场所，露天存放时应有防雨措施。

（三）手枪电钻

手枪电钻也叫手电钻（见图3-25），它是给金属材料、木材、塑料等材料钻孔的工具。

图 3-25 手枪电钻

手枪电钻的使用注意事项：
（1）手枪电钻只能适合钻金属、木头等作业，不能对混凝土钻孔。
（2）确认现场所接电源与手枪电钻铭牌相符，并接有漏电保护器。
（3）使用前检查手枪电钻的机械性能和外观质量状况。
（4）钻头与夹持器应适配，并妥善安装。
（5）作业时，要戴上防护面罩，禁止戴手套。
（6）在金属材料上钻孔，应首先在被钻位置处打样冲眼。
（8）在钻较大孔眼时，预先用小钻头钻穿，然后再使用大钻头钻孔。
（9）如需长时间在金属上进行钻孔，应采取一定的冷却措施，以保持钻头的锋利。
（10）钻孔时产生的钻屑严禁用手直接清理，应用专用工具清屑。

（四）电锤

电锤是附有气动锤击机构的一种带有安全离合器的电动式旋转锤钻，如图 3-26 所示。电锤是利用活塞运动的原理压缩气体冲击钻头，可以在混凝土、砖、石头等硬性材料上开 6~100 mm 的孔。电锤在上述材料上开孔效率较高，但它不能在金属上开孔。

图 3-26 电锤

1. 使用电锤时的个人防护

（1）操作者要戴好防护眼镜，以保护眼睛，当面部朝上作业时，要戴上防护面罩。
（2）长期作业时要塞好耳塞，以减轻噪声的影响。
（3）长期作业后钻头处在灼热状态，在更换时应注意避免灼伤肌肤。

（4）作业时应使用侧柄，双手操作，防止堵转时的反作用力扭伤胳膊。

（5）站在梯子上工作或在高处作业时应做好防高处坠落措施，梯子应有地面人员扶持。

2. 作业前的机械性能检查

（1）外壳、手柄不出现裂缝、破损。

（2）电缆软线及插头等完好无损，开关动作正常，保护接零连接正确、牢固可靠。

（3）各部防护罩齐全牢固，电气保护装置可靠。

（4）机具启动后，应先空载运转，检查并确认机具联动灵活无卡阻。

3. 作业时的注意事项

（1）钻孔时，加力应平稳，应注意避开混凝土中的钢筋。

（2）电钻和电锤不得长时间连续使用。

（3）高空作业时，应有稳固的作业平台，周围应设护栏，并系好安全带。

（4）严禁超载使用。作业中应注意音响及升温，发现异常应立即停机检查。当作业时间过长、机具温升超过 60 ℃时，应停机，待自然冷却后再行作业。

（5）作业中，不得用手触摸电锤钻头。

（五）扳手

扳手是一种常用的安装与拆卸工具（见图 3-27），它利用杠杆原理拧转螺栓、螺钉、螺母的开口或套孔固件。扳手通常用碳素钢或合金材料的结构钢制造。

扳手的使用注意事项：

（1）选择合适的扳手类型和与螺母配套的扳手。

（2）人工紧固或拆卸时，单手使用扳手。

（3）紧固时应采用对角、分次的顺序，并按照规定的力矩值执行。

（4）高空作业时，应有稳固的作业平台，周围应设护栏，并系好安全带。工机具放置好后，应做好防止物品坠落措施。

（a）呆扳手 　　　　　　　　　（b）钩形扳手

（c）两用扳手 　　　　　　　　（d）套筒扳手

（e）梅花扳手　　　　　　　（f）内六角扳手

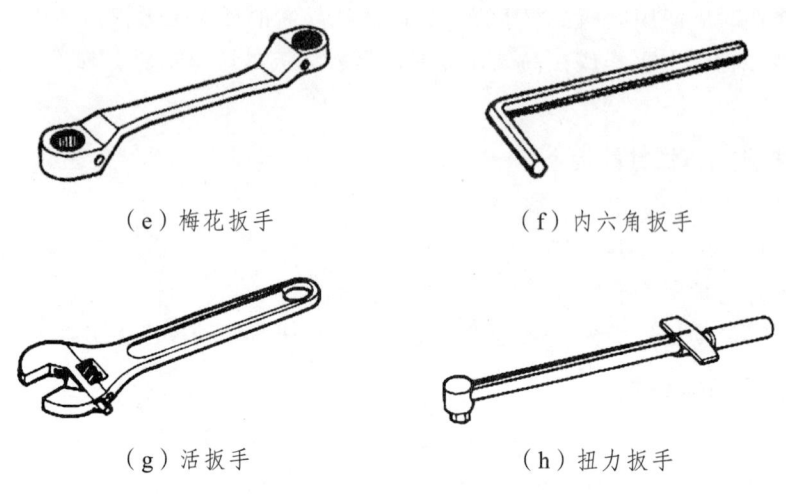

（g）活扳手　　　　　　　　（h）扭力扳手

图 3-27　常用扳手

二、常用量具量仪

（一）游标卡尺

游标卡尺是一种测量长度、内外径、深度的中等精度量具。如图 3-28 所示，游标卡尺由主尺和附在主尺上能滑动的游标两部分构成；从背面看，游标是一个整体，深度尺与游标尺连在一起，可以测槽和筒的深度。

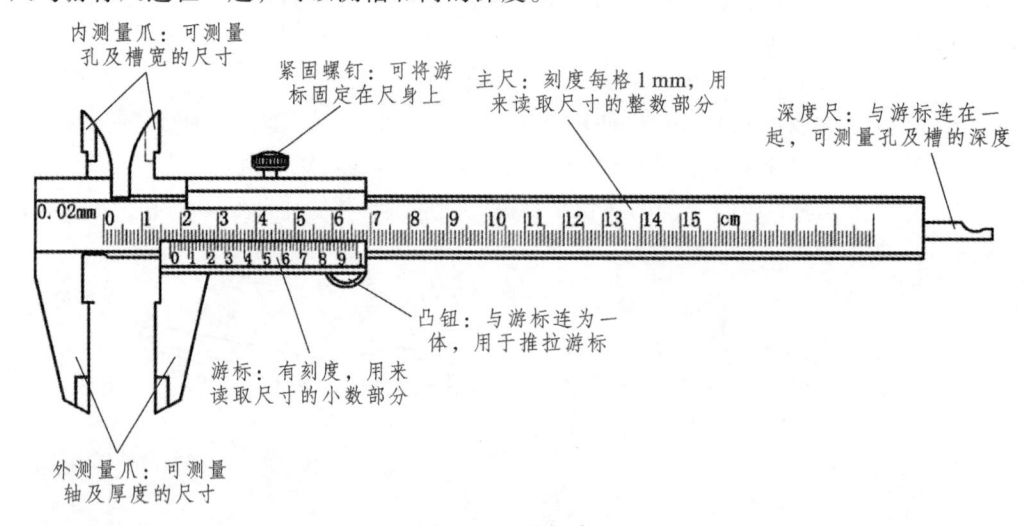

图 3-28　游标卡尺

游标卡尺的主尺一般以毫米为单位，而游标上则有 10、20 或 50 个分格，根据分格的不同，游标卡尺可分为 0.1 mm 精度游标卡尺、0.05 mm 精度游标卡尺、0.02 mm 精度游标卡尺等。游标卡尺的主尺和游标上有两副活动量爪，分别是内测量爪和外测量爪，内测量爪通常用来测量内径，外测量爪通常用来测量长度和外径。

游标卡尺具有结构简单、使用方便、精度中等和测量尺寸范围大等特点，可以用来测量零件的内径、外径、长度、宽度、厚度、深度和孔距等，其应用范围广，属于万能量具。

游标卡尺的读数方法（0.02 mm 为例，见图 3-28）：

（1）在主尺上读出副尺零线以左的刻度，该值就是最后读数的整数部分。

（2）副尺上一定有一条刻线与主尺的刻线对齐，在刻尺上读出该刻线距副尺的格数，将其与刻度间距 0.02 mm 相乘，就得到最后读数的小数部分。

（3）将所得到的整数和小数部分相加，就得到总尺寸。

（二）水平尺

水平尺是利用液面水平的原理，以水准泡直接显示角位移，测量被测表面相对水平位置、铅垂位置、倾斜位置偏离程度的一种计量器具，如图 3-29 所示。

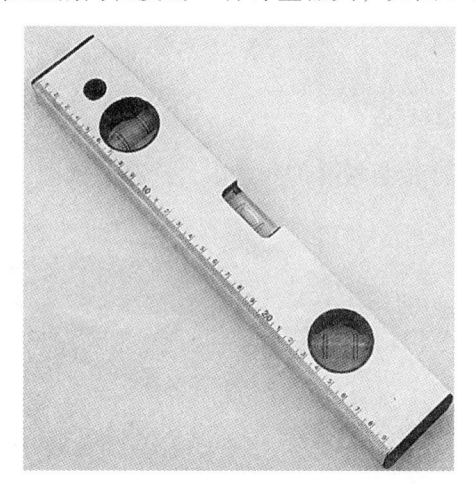

图 3-29　水平尺

水平尺的使用注意事项：

（1）使用前，查看水平尺的标签信息是否在其有效使用时间范围内。

（2）长时间使用后，需要对水平尺进行清洗和保养，以避免污垢和灰尘影响测量精度。

（3）使用后应及时收好水平尺，避免长时间暴露在阳光和潮湿环境中导致损坏和变形。

（4）在测量时，应多次测量并取平均值，以确保测量的准确性。

（三）直角尺

直角尺简称角尺，如图 3-30 所示，它是检验和画线工作中常用的量具，用于检测工件的垂直度及工件相对位置的垂直度，是一种专业量具，适用于机床、机械设备及零部件的垂直度检测、安装加工定位、画线等。

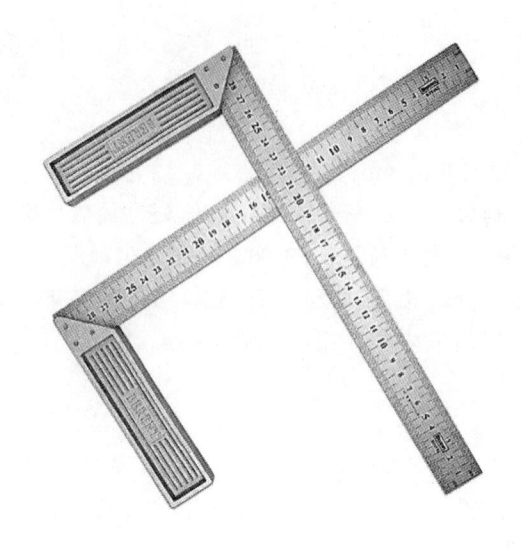

图 3-30　直角尺

（四）多功能坡度测量仪

坡度测量仪是一款用于测量坡度的测绘附件产品，如图 3-31 所示。

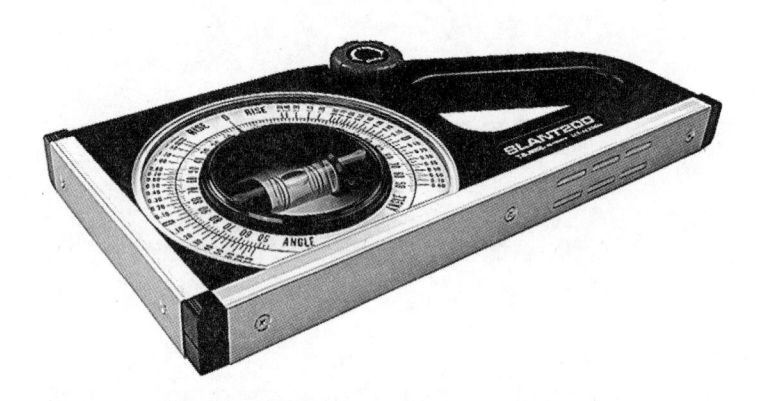

图 3-31　坡度测量仪

使用坡度测量仪的具体步骤：
（1）将坡度测量仪的测量面与被测对象完全接触，确保两者紧密结合。
（2）旋转刻度旋转轮，同时观察水准管内的气泡，直到气泡居中。
（3）读取指针尖端对准刻度盘上的数字，即为所测坡度的角度或斜度值。

（五）激光水平放线仪

激光水平放线仪是一种测量和标记水平度的工具，如图 3-32 所示，它常用于建筑领域、机电安装、室内装修等领域。

图 3-32　激光水平仪

激光水平仪的使用方法：

（1）准备工作：打开仪器开关，放置在平稳的水平表面上，确保仪器本身水平度正确。

（2）定位：根据测量需要，选择合适的位置设置仪器。通常要求仪器位于测量区域的中心，以获得更准确的测量结果。

（3）准备参照线：将仪器对准参照平面，并使用调节螺丝或旋钮进行微调，使激光器发出的水平线准确对准目标位置。

（4）开启激光发射：打开激光水平仪的激光发射功能，仪器会发射出一条明亮的水平线。

（5）测量：观察激光水平线的位置和高度。激光水平仪通常会提供准确的水平度数值，可直接读取。根据需要，可以在测量区域使用尺子或其他测量工具确定准确的测量数值。

（6）调整：根据测量结果，对需要调整的设备进行调整，使其达到水平状态。可以使用垫片等工具进行微调，直到达到满意的水平度。

（7）关闭仪器：测量完成后，关闭激光水平仪的激光发射功能，并将仪器收纳到适当的位置，以防止损坏和误触。

三、管道安装常用设备

（一）电动套丝机

电动套丝机又名电动切管套丝机，是指设有正反转装置，用于加工管子外螺纹的电动工具，如图 3-33 所示。

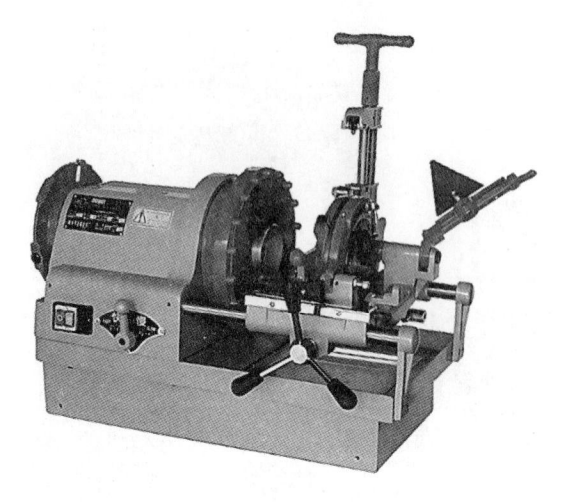

图 3-33　电动套丝机

电动套丝机的组成部分包括机体、电动机、减速箱、管子卡盘、板牙头、割刀架、进刀装置、冷却系统等。

电动套丝机是一种多功能的电动工具，主要用于加工管子外螺纹，此外还具备螺纹加工、管子的切割和内孔倒角等功能。

（二）弯管机

1. 手动液压弯管机

手动液压弯管机是一种用于管道弯制的轻便型现场施工液压机具，如图 3-34 所示，它具有小巧轻便、移动方便、可解体等特点，适宜冷弯 2 英寸以下的钢管。

图 3-34　手动液压弯管机

手动液压弯管机的操作过程：
（1）选择合适的弯头模具，并将挡块放置在与待弯管材匹配的定位孔上。

（2）启动手动液压泵，通过液压管道将液压油缸内的压力传至弯曲区域。

（3）在弯管时需要控制液压油缸的速度和力度，以避免过度拉伸管材导致破裂。

（4）完成弯管后，停止液压加力工作，松开定位夹具上的压紧螺母，取下已加工的管材。

2. 电动弯管机

电动弯管机（见图 3-35）的操作方法如下：

（1）将管材放置在弯管机的夹具或支撑装置上，确保管材稳固且与弯管模具对齐。

（2）根据所需的管材弯曲要求调整弯管机的工作参数，如弯曲角度、弯管方向、弯管速度等。

（3）启动弯管机，按下控制按钮或脚踏开关，使弯管机开始运行。

（4）观察管材在弯管机内的变形情况，确保管材在弯曲过程中不出现卡住、变形过度或断裂等问题。

（5）当管材弯曲到达所需角度时，停止弯管机的运行，取出已弯曲好的管材。

（6）检查弯管质量，确保弯曲角度和弯管形状符合技术要求。

（7）关闭弯管机，清理工作区域，将机器和工作区域恢复到安全和整洁状态。

图 3-35　电动弯管机

（三）便携式管子坡口机

手提式管子坡口机分为电动管子坡口机和气动管子坡口机，其中电动管子坡口机是较常用的，如图 3-36 所示，它采用交流 220 V 电机作为动力，内胀式结构，自定管子中心，操作非常方便。电动管子坡口机有多种型号，每种型号的坡口机均可通过更换不同尺寸的胀紧块，在机型适用的范围内对任何管径的管子进行坡口作业。其整机便携式的设计，能实现室内、野外只要有电源的场所均可进行管子坡口作业。

图 3-36　电动内涨式管子坡口机

手提式管子坡口机的安全操作规程：

（1）个人防护用品穿戴齐全，包括防护目镜、防护手套、防护鞋等。

（2）准备工作：确保管道坡口机处于良好状态，按照操作手册检查设备的运行状况，确保设备稳定性和安全性。根据管道的尺寸和种类，选择合适的夹紧装置和加工刀具。

（3）安装夹紧装置和刀具：将夹紧装置安装在管道上，并固定，确保夹紧装置的稳定性，根据操作手册的要求对加工刀具进行微调。

（4）坡口加工：打开电源，启动坡口机，将管道放置在夹紧装置上，控制设备的加工深度和速度进行坡口加工，注意控制刀片的力度，以免过度加工影响效果。

（5）完成加工。加工完成后，关闭电源，拆下坡口机，检查加工效果，符合要求则完成加工。

此外，在使用过程中，应确保坡口机周围没有杂物，操作者与设备保持安全距离；定期检查设备是否有损坏或毛刺，确保电源线无破损，使用后应立即切断电源并清理设备。

> 思考与练习

1. 管子按材质有哪些类型（列举三项）？简述无缝钢管的特征。
2. 常用管路附件包括哪些？并简述其功能（列举三项）。
3. 使用角磨机要注意哪些安全事项？
4. 平焊和高颈法兰的特征有哪些？

第四章

管道支架预制与安装

- 第一节 管架概述 …………………………… 072
- 第二节 管架预制 …………………………… 077
- 第三节 管架的安装 ………………………… 080
- 第四节 支架安装的技术要求 ……………… 083
- 第五节 特殊支架的安装 …………………… 090
- 思考与练习 ………………………………… 094

管道支架安装

第一节 管架概述

一、管架的定义和作用

管架是用于架空管道的一种支撑结构件。

管架的作用是：支撑管道并限制管道的变形和位移，承受从管道传来的各种压力，并将这些力传递到支撑的基础上。

二、管架的分类

管架按材料分类，主要有钢结构支架、混凝土支架。

管架按力学特点，可分为刚性支架、柔性支架和半铰接支架。

管架按形状分类，可分为悬臂支架、三角支架吊架、弯管支架、龙门支架等。

管架按用途和结构形式，可分为固定支架和活动支架，其中活动支架又分为滑动支架、导向支架、滚动支架和悬吊支架。

（一）固定支架

固定支架用于不允许有任何方向位移的地方，使管道只能在两个固定支架之间胀缩，以保证各分支管路位置固定，如图4-1、图4-2所示。

图4-1 固定支架（1） 　　　　图4-2 固定支架（2）

（二）活动支架

活动支架主要承受管道的重量和因管道位移摩擦而产生的水平推力，并保证在管道发生温度变化时能自由移动。活动支架有以下几类。

1. 滑动支架

滑动支架（见图 4-3、图 4-4）承接管道的水平推力，使管道在水平面自由位移。

图 4-3　滑动支架（1）　　　　图 4-4　滑动支架（2）

2. 导向支架

导向支架（见图 4-5、图 4-6）使管道可沿管道轴线位移。

图 4-5　导向支架（1）　　　　图 4-6　导向支架（2）

3. 竖向限位支架

竖向限位支架（见图 4-7、图 4-8）用于限制管道上下位移，可左右移动。

图 4-7　竖向限位支架（1）　　　　图 4-8　竖向限位支架（2）

4. 悬吊支架

悬吊支架分为以下两种：

（1）悬吊圆钢支架（见图4-9、图4-10）：用于不便安装滑动支架的地方。

图 4-9　悬吊圆钢支架（1）　　　　图 4-10　悬吊圆钢支架（2）

（2）悬吊弹簧支架（见图4-11、图4-12）：适合伸缩性及振动较大的管道。

图 4-11　悬吊弹簧支架（1）　　　　图 4-12　悬吊弹簧支架（2）

5. 滚动支架

滚动支架（见图4-13、图4-14）适用于管径较大、介质温度高而无横向位移的管道。

图 4-13　滚动支架实物图　　　　图 4-14　滚动支架结构图

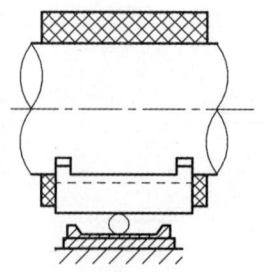

6. 弹簧座架

弹簧座架（见图 4-15、图 4-16）常用于有安装座架的位置，适合伸缩性及振动较大的管道。

图 4-15　弹簧座架实物　　　图 4-16　弹簧座架安装效果

7. 管卡和钩钉

管卡和钩钉（见图 4-17、图 4-18）适用于 DN≤50 mm 的非工艺管道。

图 4-17　管卡和钩钉（1）　　　图 4-18　管卡和钩钉（2）

8. 共用支架

共用支架（见图 4-19、图 4-20）可使多条管道共用一个支架。

图 4-19　共用支架（1）　　　图 4-20　共用支架（2）

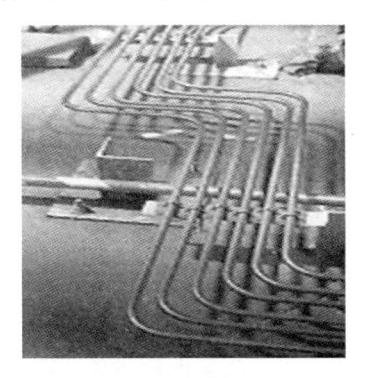

9. 特殊支架

特殊支架（见图4-21、图4-22）：通过塑性变形吸收管道位移能量，保护其相关联的设备。

图 4-21　特殊支架（1）　　　　图 4-22　特殊支架（2）

三、核电工程支架的分级

CPR1000堆型核电站核岛辅助管道中的支架，按照法国《压水堆核岛机械设备设计与建造规则》（简称RCC-M法规）中的HAF003篇的规定，可分为S1级、S2级，除此之外还有NC级（NC级即非RCC-M级）。

支架的级别与被支承设备的级别相关联，具体可分为：

（1）S1级支架：支承1级设备或部件。

（2）S2级支架：支承2级或3级设备或部件。

（3）NC级支架：支承NC级设备或部件。

当级别不同的两个或两个以上设备共用一个支架时，支架的级别按级别最高的那个设备定级。

四、管架的设计选择

正确选择和合理设置支架、吊架是保证管道安全、经济运行的重要一环，应遵循下列基本原则：

（1）当管道不允许有任何位移时，应设固定支架。

（2）当管道无垂直位移或垂直位移很小时，可设活动支架或吊架，活动支架的形式应根据该管道对摩擦阻力的要求不同来选择：

① 对摩擦阻力无严格要求时，可采用滑动支架。

② 当要求最大限度地减少管道轴向摩擦阻力时，可采用滚珠支架。

③ 对于架空管道，如不便装以上三种支架时，可采用吊架。

（3）只允许管道沿管子轴向位移时，应装设导向支架。

（4）当管道有垂直位移时，应装设弹簧吊架。如不便装设弹簧吊架，也可采用弹簧管托。若管道既有垂直位移又有水平位移时，应采用滚珠弹簧管托。

第二节　管架预制

一、支架预制概述

支架预制的定义：在某固定的区域进行支架的预制管理、型钢切割、预加工、组对焊接、组装及防腐、质量检验等工序。

支架预制的优点：在固定的区域方便质量、进度、管理的协调和控制，减少现场预制与现场安装的工作量，支架预制对整个项目机电工程的安装、质量、进度有极大的提高。

二、支架预制流程

支架预制流程如图 4-23 所示。

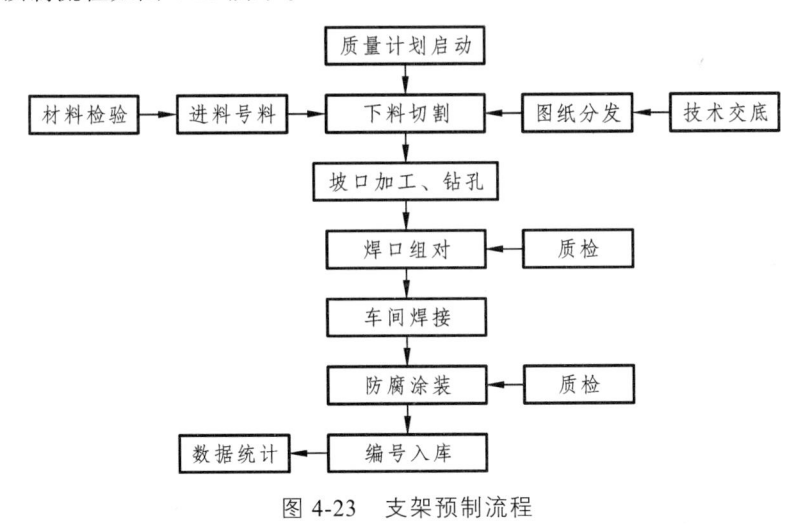

图 4-23　支架预制流程

（一）质量计划的启动

某区域的支架预制的质量计划审核批准后，图纸经施工企业的技术部发给施工班组（图纸须盖章，不得使用复印件）。

（二）技术交底

1. 参与人员

施工队的管理部门召集从事本区域支架预制的相关人员进行技术交底，如班组施工人员、材料员、质检员、技术支持的工程师等。

2. 技术交底的目的

通过技术交底，使参加人员了解任务的特点、工程质量标准、施工技术要求、施工工艺、施工技术组织措施等，以调动职工的积极性，科学地组织施工，保证顺利地完成施工任务。

3. 技术交底的方法

（1）逐级交底

（2）一次性交底

4. 技术交底的内容

（1）施工任务、范围和工期要求。

（2）主要施工方法、技术要求、安全措施和质量标准等。

（三）材料领取

班组施工人员凭质量计划和施工图到材料组领取型材，物资的名称、规格、材质、批号、数量等信息必须与物料清单相吻合（见表4-1）。

表4-1 材料明细表

序号	材料名称	规格型号	单位	数量	材质	备注
1	H型钢	HEB140	mm	1650	S235JO	
2	钢板	200 mm×200 mm×15mm	张	1	Q235C	
3	钢管	168×4.5 mm	mm	132	A106Gr.B	
4	钢板	1580 mm×530 mm×20 mm	张	1	Q235C	
5	膨胀螺栓	P15	根	8		
6	钢板	1650 mm×116 mm×12 mm	张	2	Q235C	
7	钢板	144 mm×128 mm×4 mm	张	1	Q235C	

（四）下料切割

（1）根据质量计划中排料表的规格、尺寸和数量，在该批次的型钢上合理地安排先后顺序和排布位置，做到集中排料，余料利用，每段材料上说明齐全、标注准确、画线清晰。

（2）切割方式根据型钢的材质、规格和生产效率来选择，遵循尽可能利用现有机具、保证材料质量的原则。

（3）常见的切割的方式有：剪切、气割、锯切、等离子弧切割等。

（五）坡口加工、钻孔

（1）对需要组焊的型钢端面，按照技术要求加工坡口。

（2）需要钻孔时，用样冲标注定位置。钻孔要一次钻透，钻孔后用锉刀将毛边挫平。如图 4-24 所示的支架组装图中，序号 4 的底板上要钻 8 个 $\phi31mm$ 的孔。

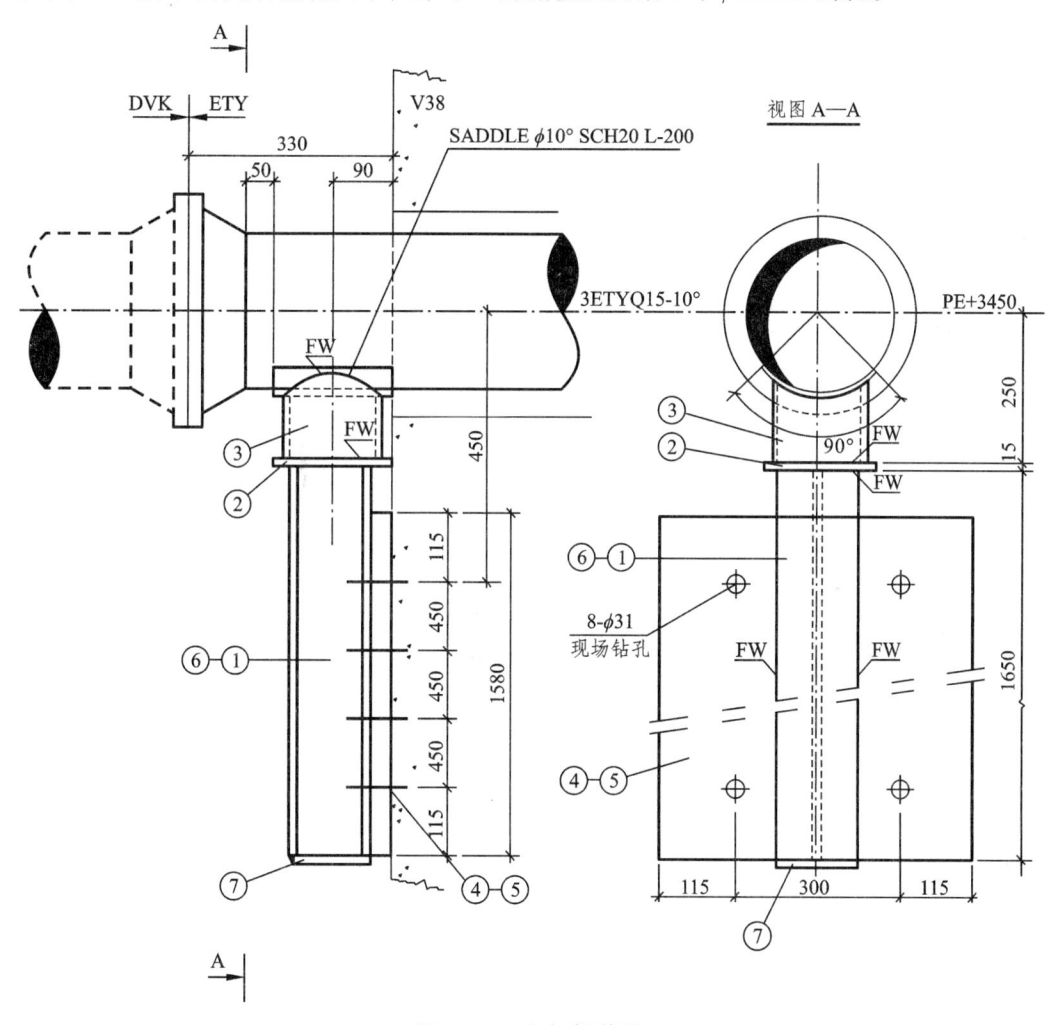

图 4-24 支架组装图

（六）焊缝组对、焊接和质检

（1）认真阅读支架组装图和设计施工说明。

（2）在组焊部位画出定位线，组对时先点焊，经质检人员复查，确定现场焊缝和车间焊缝后再施焊。焊接时严格按照焊接工艺和技术要求执行。

如图 4-24 所示的支架组装图中，序号 1 的 H 型钢与序号 7 的钢板为车间预制焊接；序号 2 的钢板与序号 3 的 6"管托为现场焊接（FW）。

（3）焊接后，施焊人员要对焊缝的表面缺陷和飞溅物进行处理，经质检人员检验。若是 S1 级支架的焊缝，则需作 PT 试验。

（七）支架除锈防腐

材质为碳钢的支架，在焊接后经质检员检验放行，运至喷砂车间除锈，按照涂装技术要求，分别涂刷防锈底漆、中间漆、保护面漆。

（八）支架标识、入库

（1）支架涂装工序完成后，在支架的主体上用记号笔清晰地标注其支架号和图号，并把标有其支架号的铁牌（打钢印）系在支架上。

（2）支架按工号分区放置在库房。

第三节 管架的安装

一、管架安装的一般流程

（1）放线：标出管道的位置（中心线），满足坡度要求。
（2）标出支架位置：根据管道等轴图和支架图标出支架位置。
（3）安装支架：在支架安装中为保证可调性，不能满焊所有接头，对部分接头应采用点焊连接。
（4）管道安装：此时组对安装管道，并将管道调整到位。
（5）支架的最终焊接：将支架进行调整合适后，由固定支架开始对支架进行焊接

二、管架按安装阶段分级

支架的安装可分为两个不同阶段：第一阶段、第二阶段。对应于这两个阶段支架，我们习惯称之为第一级支架和第二级支架（这不同于 RCC-M 中规定的 S1、S2 级）。

（一）第一级支架及其安装要求

第一级支架指的是固定到土建钢结构或混凝土结构上的固定部件和辅助钢结构架。
第一阶段支架安装现场如图 4-25、图 4-26 所示。

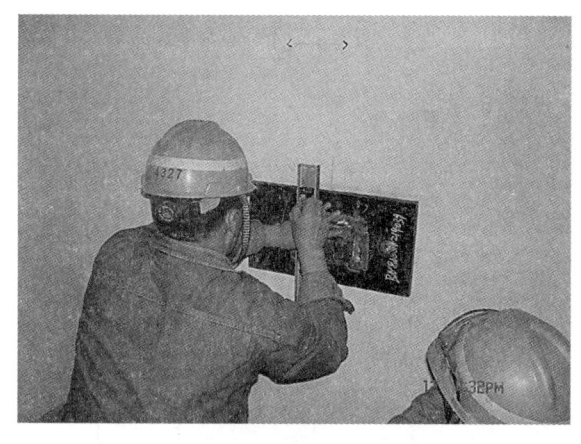

图 4-25　一级支架安装　　　　　　图 4-26　预埋板上已焊接的支架

当第一级支架为梁型钢构件时，应在安装管道之前安装，这些支架可用于管道的吊装和安装。当第一级支架安装或一级支架的构件安装对管道安装或对第二级支架安装质量有影响时，应滞后安装。

（二）第二级支架定义及安装要求

第二级支架包括管道限位和固定部件、中间支承件。管道限位和固定部件包括整体化固定支座附件（假三通）、支架限位部件、导向部件、弯管托（耳轴）、U形管卡（见图 4-27）、管夹（见图 4-28）、抗摆动支承中间连接部件、拉杆、缓冲器拉杆、弹簧箱等；中间支承部件包括吊环螺母、花兰螺栓、U形连接件、吊杆、吊杆连接件、吊架横担梁等。

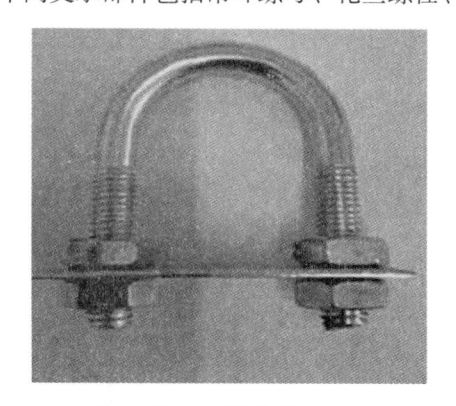

图 4-27　U形管卡　　　　　　　　图 4-28　扁钢管夹

管道固定部件一旦装配完毕并紧固和连接到第一级支架上时，就应使支架达到其设计功能。

第二级支架部件对于管道有以下五种主要功能：① 固定功能；② 刚性限位和柔性限位功能；③ 导向功能；④ 减振功能；⑤ 可变和恒定负荷支承功能。

除阻尼器和弹簧箱外，第二级支架部件的安装和调整在管道的安装和调整中或之后进行。

阻尼器的安装和调整应在管道及管道上的其他支架和支架部件安装完毕之后进行，且大多数在冷功能试验以后进行。

已安装完成的一阶段及二阶段支架如图4-29所示。

图 4-29　已安装完成的支架效果图

三、支架的功能

第二阶段支架的功能如表4-2所示。

表 4-2　第二阶段支架的功能

代号	名称	示意图	代号	名称	示意图
CS	共用支架		BL	轴向限位支架	
PS	管子搁架		BT	横向限位支架	
PF	固定式管支承（固定点）		BV	竖向限位支架	
PL	可滑动支承		GL	轴向导向支架	

续表

代号	名称	示意图	代号	名称	示意图
CB	紧固支架	螺栓固定 两个并排的紧固支架可作为固定点	GT	横向导向支架	
SF	刚性吊架		dabt	带有横向限位器的减振支架	
SV	弹簧吊架		dabl	吸振纵向限位器	俯视
SC	恒力吊架		dabv	吸振立向限位器	
AM	减振器或阻尼器				

第四节 支架安装的技术要求

一、支架的最大间距

无级小管支架的最大间距（碳钢和不锈钢管）如表4-3所示。

表4-3 管架间距表（碳钢和不锈钢管）

管径/in（英寸）	最大间距/m
2"	3.830
1~1/2"	3.510
1"	2.920
3/4"	2.460
1/2"	2.180
1/4"	1.510

无级小管支架的最大间距（铜管）如表 4-4 所示。

表 4-4　管架间距表（铜管）

管径/mm	最大间距/m
10	0.8
14	1.0
25	1.5
32	2.0

二、第一级支架的安装公差要求

（一）支架位置安装公差

（1）靠近设备的第一个支架理论距离的允许公差：

对于管道直径 $\phi \geqslant 4"$：±20 mm。

对于管道直径 $\phi < 4"$：±10 mm。

（2）一般支架位置允许公差如图 4-30 所示。图中，PE 为基准点或参考点，A 为相对于参考点的允许公差，其值如表 4-5 所示。

图 4-30　相对于参考点的允许公差

表 4-5　相对于参考点的允许公差 A

管线的 RCC-M 级别		管　径							
		$\phi \leqslant 2"$						$2"<\phi \leqslant 6"$	$6"<\phi \leqslant 12"$	$\phi>12"$
1，2，3		50 mm						100 mm	150 mm	200 mm
无级（NC）	受限无级	1/4"	1/2"	3/4"	1"	1½"	2"	150 mm	200 mm	250 mm
		100 mm	100 mm	100 mm	100 mm	100 mm	100 mm			
	非受限无级	150 mm	200 mm	250 mm	300 mm	350 mm	400 mm			

注：所谓受限和非受限是相对管道的受限和非受限而言。

（3）ARE 和 VVP 系统管线的支架位置允许公差如图 4-31 所示。图中：

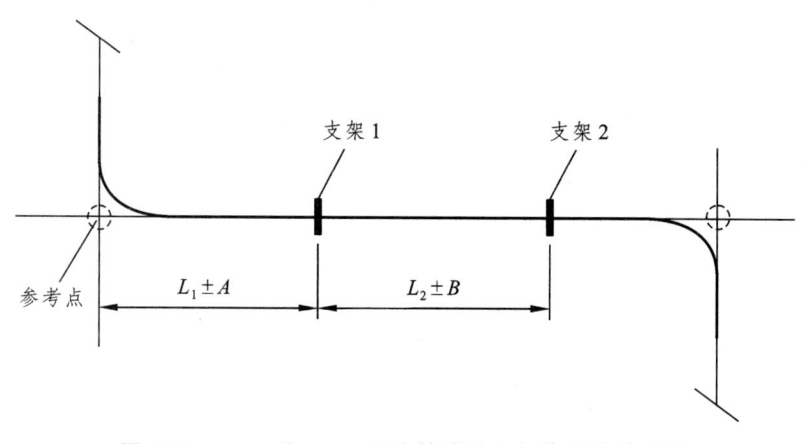

图 4-31 ARE 和 VVP 系统管线的支架位置允许公差

① 支架位置允许公差 A：

± 50 mm：对于 ϕ > 2" 管线支架。

± 50 mm：对于 RCC-M S1 级支架（所有管径）。

± 100 mm：对于 ϕ ≤ 2" 管道，除 RCC-M S1 级外的支架。

② 位置允许公差 B（单位 mm）如表 4-6 所示。

表 4-6 位置允许公差 B（单位 mm）

管道直径/in（英寸）	不保温管道		保温管道	
	弹簧箱支架	其他支架	弹簧箱支架	其他支架
1/4	50	33	15	11
1/2	65	40	30	19
1	80	50	45	30
2	105	65	75	45
3	120	75	80	50
4	125	80	95	60
6	140	90	115	75
8	155	95	—	—
10	165	105	150	95
12	175	110	160	100
14	250	160	—	—
16	185	115	175	110
20	205	130	—	—
24	215	135	—	—

③ 耐磨护板的滑动支架位置允许公差示例如图 4-32 所示。注意：支架功能为轴向导向（GL）、滑动（PL）功能的支架，B 的允许误差为不大于 A 的 20%。

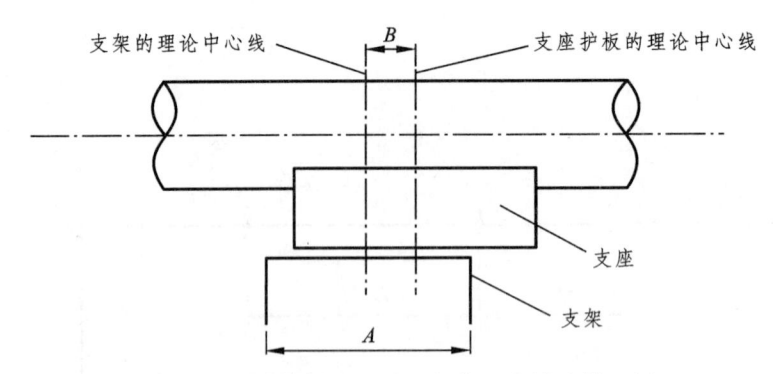

图 4-32 耐磨护板的滑动支架位置允许公差示例

（二）支架基板及锚固螺栓的安装

1. 支架基板上的钻孔位置

（1）两孔基板（NE、NG 型）规格及其钻孔位置如图 4-33 和表 4-7 所示。

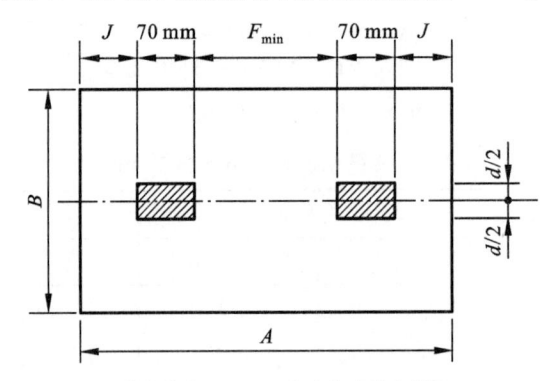

d—钻孔直径；F_{min}—最小钻孔轴线间距；
J—钻孔轴线距基板边缘的最小距离，钻孔轴线必须在阴影区域内。

图 4-33 两孔基板（NE、NG 型）上的钻孔位置

表 4-7 两孔基板（NE、NG 型）上的钻孔位置尺寸

类型	A/mm	B/mm	E（板厚）/mm	F_{min}/mm	d（孔径）/mm	J/mm
NE1	340	200	15	150	17	25
NE2	400	220	20	200	21	30
NE3	470	250	25	250	26	40
NE4	530	280	30	300	31	45
NG1	290	120	15	100	14	25
NG2	340	120	15	150	14	25

（2）四孔基板（NF 型）规格及其钻孔位置如图 4-34 和表 4-8 所示。

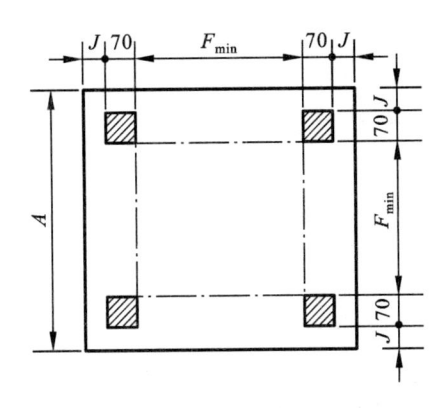

图 4-34　四孔基板（NF 型）上的钻孔位置（单位：mm）

表 4-8　四孔基板（NF 型）上的钻孔位置尺寸

类型	A/mm	E（板厚）/mm	F_{min}/mm	J/mm
NF1	340	15	150	25
NF2	400	20	200	30
NF3	470	25	250	40
NF4	530	30	300	45

2. 膨胀螺栓的定位原则

（1）要求膨胀螺栓离混凝土边缘的最小距离（R）如图 4-35、图 4-36 所示。

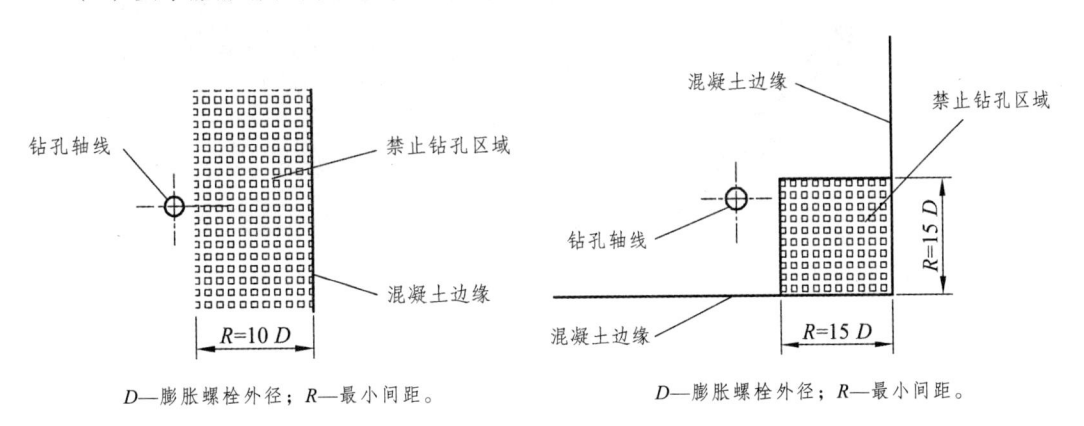

图 4-35　距混凝土一边的情况　　图 4-36　距混凝土一角的情况

D—膨胀螺栓外径；R—最小间距。

（2）在混凝土中钻膨胀螺栓孔，钻孔过程中如碰到钢筋，应停止钻孔，并选择一个新位置钻孔，其外径必须离前一个孔外径表面的距离 $D \geqslant 25$ mm。废弃孔须用配制好的特殊水泥砂浆堵死。

3. 膨胀螺栓的安装要求

（1）膨胀螺栓外露长度要求：如图 4-37 所示，穿过锁紧螺母的螺栓外露长度 Z 至少为 2 道可见螺纹（目检）。

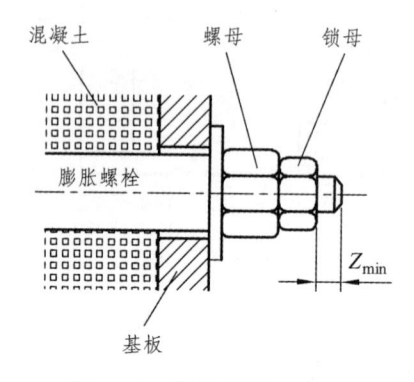

图 4-37　螺纹外露示意图

（2）膨胀螺栓力矩的紧固：
① 对角（十字）、分次紧固。
② 使用力矩值在量程范围内的力矩扳手紧固，如图 4-38、图 4-39 所示。
③ 严格按照规定的力矩值来紧固。各类膨胀螺栓及其紧固力矩值（节选）见表 4-9。

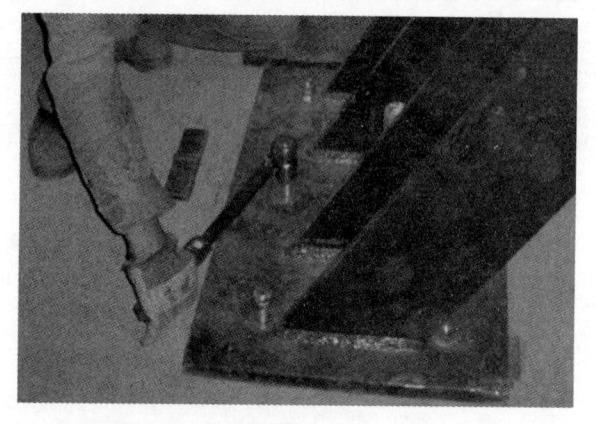

图 4-38　数显式力矩扳手　　图 4-39　支架基板的螺栓紧固

表 4-9　各类膨胀螺栓及其紧固力矩值（节选）

类型	参考号	混凝土上钻孔直径/mm		基板孔径/mm	混凝土孔的最大深度/mm	紧固力矩值/（N·m）
		最小	最大			
P1	HSLG M8/20	12.1	12.5	14	100	20
P2	HSLG M8/20	12.1	12.5	14	160	20

续表

类型	参考号	混凝土上钻孔直径/mm		基板孔径/mm	混凝土孔的最大深度/mm	紧固力矩值/(N·m)
		最小	最大			
P3	HSLG M8/80	12.1	12.5	14	100	20
P4	HSLG M8/80	12.1	12.5	14	160	20
P5	HSLG M10/40	15.2	15.5	17	130	35

4. 基板与混凝土墙面的间隙（δ）要求

（1）$\delta \leqslant 2$ mm：可接受，如图 4-40 所示。

（2）$\delta > 15$ mm：通过 CRF 交 TM 处理。

（3）$2 < \delta \leqslant 15$ mm：加碳钢垫板，禁止用环氧树脂或水泥砂浆填充，见图 4-41。

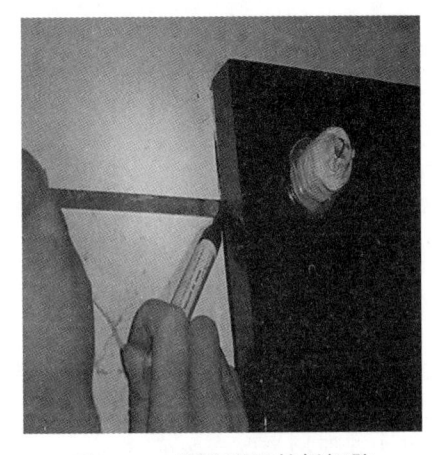

图 4-40　现场测量基板间隙　　　图 4-41　已安装垫板的支架图

（三）支架构件的安装

（1）例1：直径大于 2″管线的支架梁在预埋板上的定位公差如图 4-42 所示。

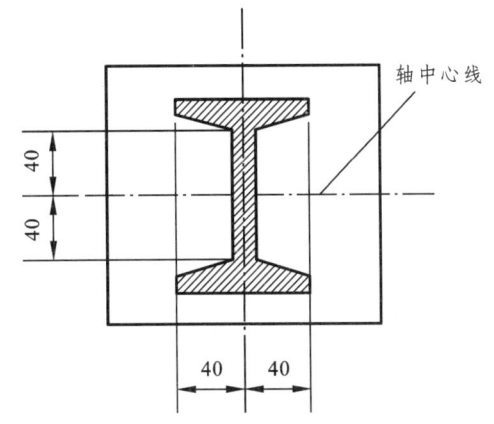

图 4-42　RCC-M S1 级支架梁在预埋板上的定位公差

（2）例2：对于 RCC-M NC 级支架，且当基板为 NE、NF 时，支架的位置允许公差如图 4-43、图 4-44 所示（单位 mm）。

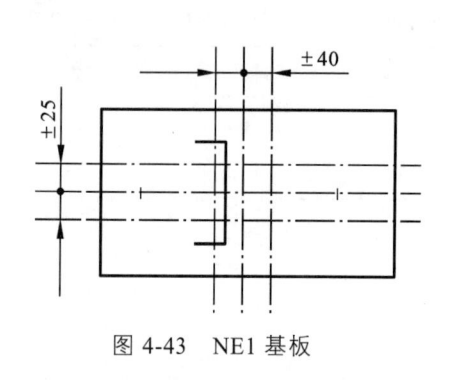

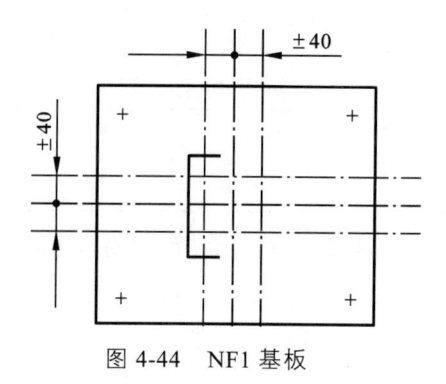

图 4-43　NE1 基板

图 4-44　NF1 基板

第五节　特殊支架的安装

一、阻尼器的安装

（一）阻尼器概述

阻尼器是一种在额定行程内能迅速产生作用力的液压装置部件。

阻尼器的作用是限制管道在地震或水锤的情况下产生剧烈震动，在阻尼器的额定行程内，其作用力只允许管道做缓慢的移动，以达到保护管路系统的目的。

（二）阻尼器安装的三个步骤

1. U 形座的焊接

（1）检查 U 形座的规格、尺寸是否与图纸相符。

（2）使用销子检查 U 形座的销孔，确保销子能自由穿入。将一个 U 形座点焊在管道上的固定件上。

（3）将模拟阻尼器调节到相应的长度，装配在管道和 U 形座固定件上。

（4）将已连接在模拟阻尼器上的 U 形座点焊在支架上。

（5）U 形座最终焊接前，应检查装配角度是否在允许偏差内。

（6）注意避免 U 形座焊接变形。

（7）待完全降温后拆除模拟阻尼器，再次验证销子能否自由穿入 U 形座的销孔（如有问题，进行调整）。

（8）用油漆涂装焊接部位。

2. 阻尼器的调整与安装

（1）首先核查阻尼器的型号、规格是否与支架图相符。

（2）检查阻尼器的活塞杆上是否有划痕，球形接头是否旋转灵活。

（3）量出两个U形座销孔间的实际距离。

（4）调节阻尼器的活塞杆长度与两U形座销孔间距相适应。

（5）检查阻尼器活塞杆的位置是否符合相关技术要求。

（6）阻尼器安装时其液压油缸侧应远离管道侧，即油缸在支架侧，活塞杆在管道侧。

（7）将销子穿入U形座和球形接头的销孔内，在每个销子的两端装上弹性挡圈。

（8）阻尼正式件则是在冷态试验后、热态试验前才进行安装。

3. 最后检查及报告的完成

（1）最终检验是在热功能试验之前（在冷态下）进行。

（2）去掉阻尼器保护物，放松所属管线上的所有弹簧。

（3）释放箱内的锁紧装置，按照文件要求测量阻尼器的相关尺寸，并记录测量结果，必要时及时对阻尼器进行调整。

（4）最后按照相关程序和文件要求完成报告。

二、弹簧支吊架的安装

（一）弹簧支吊架的类型

（1）变力弹簧支吊架：主要用于有垂直位移的管道支吊点上，确保管道和设备的安全运行及延长使用寿命。

（2）恒力支吊架：对于恒吊支撑的管道和设备，在发生位移时，可以获得恒定的支撑力，因而不会给管道设备带来附加应力。

（二）弹簧支吊架的功能

（1）安装在管道和支架主要部件之间，承受由管道引起的载荷。

（2）用于支承垂直移动的管道或设备。

（三）弹簧支吊架的安装与调整

弹簧支吊架的安装顺序如图4-45所示。

1. 弹簧支吊架的安装

（1）将变力弹簧支吊架和恒力支吊架定位和固定到支架固定装置上。

（2）支撑搁置式（SV.D）通过调整管（或称载荷柱）调整安装高度，使调整管与顶部承载板或滚子与管部紧密接触。

（3）检查附件构件，保证运动部件在运动时不受阻碍。

（4）根据支吊架组装图将弹簧箱点焊或采用其他方式固定在支架或支架固定装置上。

```
            ┌──────────────────┐
            │    安装开始      │
            └────────┬─────────┘
                     ↓
    ┌────────────────────────────────┐
    │ 弹簧吊架在支架固定装置上的定位 │
    └────────────────┬───────────────┘
                     ↓
    ┌────────────────────────────────┐
    │    检查安装空间是否受限        │
    └────────────────┬───────────────┘
                     ↓
    ┌────────────────────────────────┐
    │  点焊或采用其他方式固定弹簧箱  │
    └────────────────┬───────────────┘
                     ↓
    ┌────────────────────────────────┐
    │      在管道上安装固定装置      │
    └────────────────┬───────────────┘
                     ↓
    ┌────────────────────────────────┐
    │    装配各种中间支架装置        │
    └────────────────┬───────────────┘
                     ↓
    ┌────────────────────────────────┐
    │  连接弹簧吊架到管道固定部件上  │
    └────────────────┬───────────────┘
                     ↓
    ┌────────────────────────────────┐
    │   安装期间支架的调整和检查     │
    └────────────────┬───────────────┘
                     ↓
    ┌────────────────────────────────┐
    │       热态试验（HFT）          │
    └────────────────────────────────┘
```

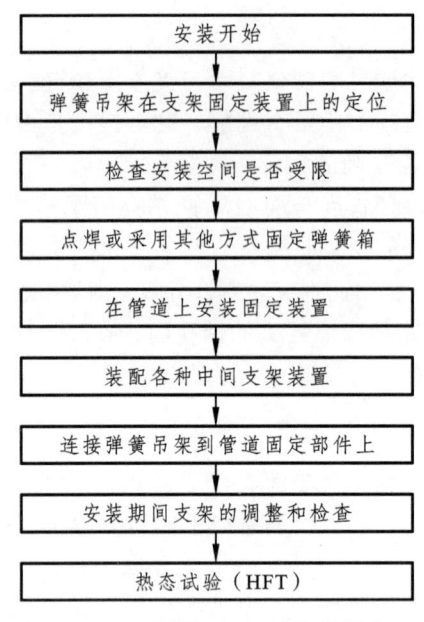

图 4-45　弹簧支吊架的安装顺序

（5）在管道上安装固定装置。
（6）装配各种中间支架装置：拉杆、挂钩、花篮螺栓、吊环等。
（7）用中间支架装置连接可变载荷弹簧吊架和恒力弹簧吊架到管道固定部件上。

2. 弹簧支架的调整和检查

（1）在所有安装步骤中均应检查变力弹簧支吊架和恒力支吊架是否仍保持锁紧状态。
（2）确保悬挂拉杆垂直。
（3）上螺纹悬吊式（SV.S）与下调节搁置式（SV.P）调整花篮螺栓，直至弹簧压板下平面对准刻度板上的冷态载荷标记 C，此时壳体上的定位销基板处于水平位置，定位销也比较容易拔出。
（4）调整结束，用锁紧螺母锁住。
（5）支撑搁置式（SV.D）调节调整管，使两只定位销处于水平位置。
（6）恒力支吊架转动花篮螺栓，拉紧拉杆并使恒吊锁紧块与位移指示销间处于松动状态。检查锁紧装置（锁定螺母、销子）是否齐全，此时定位销不能拔出，防止清洗管道和水压试验时弹簧过载。
（7）弹簧箱的正式释放是在水压试验与冷态试验之间进行。

三、核电站其他类型特殊支架的安装

（一）R70/80/90 区域接一回路热段管、冷段管的安注 RIS 系统的防甩击支架安装

（1）先核查预留孔的标高、位置和几何尺寸的正确性。

（2）对照图纸核查材料（材质、尺寸、规格）。

（3）理清施工的逻辑顺序，避免出现达不到焊接要求、零部件安装不上、管道穿不过、防腐油漆涂装不了等情况。

（4）施工的每一步骤在实施前，应反复考虑是否正确，是否影响后一步的工作。

（5）为提高效率，能预制的部分尽量预制。

（6）在焊接过程中要控制发生焊接变形和反变形。

（二）R40/70 区域，标高 ±0 m 公用支架的安装

（1）利用地上的坐标点，利用红外线放线仪等测量工具在地面上画出管线的走向，确定支架的位置，再把位置信息反馈到天花板上。

（2）由于支架密集，每间隔一个支架立柱只能点焊，便于穿管道就位。

（3）承重横梁焊接时要复查标高，不得出现坡度错误。

（4）固定支架、二级支架的限位部件的焊接需谨慎，要管段完全就位后方可固定。

（5）注意管道与支架间的间隙量。

（三）R70/80/90 区域 +4.75 m 房间，RIS 系统通向安注箱管道的防甩击支架的安装

（1）核查标高。

（2）支架底板调整就位后，穿越楼板的螺栓，其防护套的长度、位置调整必须精确。

（3）孔洞处的地板须凿平，套管与地板间隙不能过大，否则浆料灌入孔洞和螺栓凝结，螺栓不能自由活动。

（4）底板上的限位钢板的焊接应注意施工顺序，既要达到所有焊缝全焊接，又要利于焊缝的清根打磨。

（5）控制焊接变形超标。

（四）R 区外环廊的 VVP/ARE 系统管道的支架安装

（1）根据地板的坐标和弧形墙上的标高和角度，先确定支架在弧形墙上的底座生根位置。

（2）根据管线在地板上的走向决定支架的左右摆动位置（支架承重主梁必须与管道纵线呈 90°夹角）。

（五）热电厂的热力管道支架的安装

（1）在确定支吊架的位置时，应考虑到管道在冷、热态之间发生的位移。

（2）在滑动或导向支架底板与钢构架接触面之间，加耐高温的聚四氟乙烯板，起到绝热和减少摩擦的作用。

（3）管道在试运行阶段应随时检查支架的位移量，可进行调整以减少误差。

（4）滚动支架的横向安装位置要最后固定定位。

思考与练习

1. 简述管架的定义和作用。
2. 管架按用途和结构分为几种?
3. 支架按安装阶段分为哪几级?
4. 简述支架的安装流程。
5. 弹簧支架的调整和检查有哪些主要内容?

第五章

管道预制

- 第一节　管道预制工作概述……………………096
- 第二节　管段的量尺和切割下料……………098
- 第三节　管道坡口加工及焊口组对…………101
- 第四节　管道校形………………………………105
- 第五节　管道的弯制……………………………108
- 第六节　管件的放样……………………………112
- 思考与练习………………………………………119

管道预制

第一节　管道预制工作概述

一、管道预制的一些关键步骤及流程

管道预制是在特定区域进行的一系列管道制作过程,包括设计、管理、切割、坡口加工、焊接、物流及防腐油漆和探伤等工作。下面介绍管道预制的一些关键步骤及流程(见图 5-1):

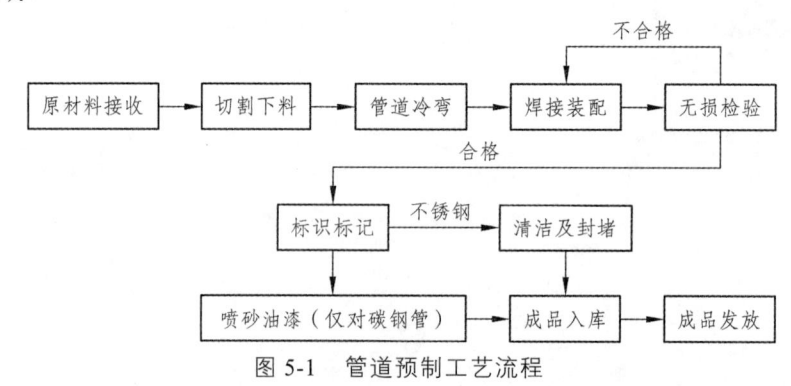

图 5-1　管道预制工艺流程

(1)设计与预制管理:在固定的区域内,根据管道系统的需求进行详细的设计工作,并采用过程管理软件进行高效的精细化管理。

(2)管道切割与坡口加工:使用数控切割设备进行管道的精确切割,以及坡口设备的高质量机械坡口加工。

(3)焊接:在预制区域内完成管道的焊接工作,确保焊接质量符合标准要求。

(4)物流与防腐油漆:完成焊接后,对管道进行适当的物流安排和防腐油漆处理,以保护管道不受腐蚀。

(5)探伤:对焊接后的管道进行探伤检测,确保焊缝的质量达到相关标准。

(6)运输与安装:预制完成的管段应妥善保管,并在运输和搬运过程中避免损伤。安装时按照管道系统号和顺序号进行,并清除管内异物、铁锈等杂质。

管道预制的好处在于可以在控制环境中进行高精度的加工,减少现场安装的时间和复杂性,提高整体施工效率;此外,由于场地条件较好,可以分工序进行细化管理,从而提高管道工程的整体质量和安全性。

二、管道预制技术要求

(一)管道公差等级

E 级、直径≤2″的管道标准精度等级(RCCM 2/3 级和非 RCCM 级)见表 5-1。

表 5-1　E 级、直径≤2″的管道标准精度等级
（RCCM 2/3 级和非 RCCM 级）

壁厚系列 SCH 号	直径≤2″
10-10S 20-API	E
40-40S	E

（二）长度公差

管道长度公差如图 5-2 所示，E 级公差标准见表 5-2。

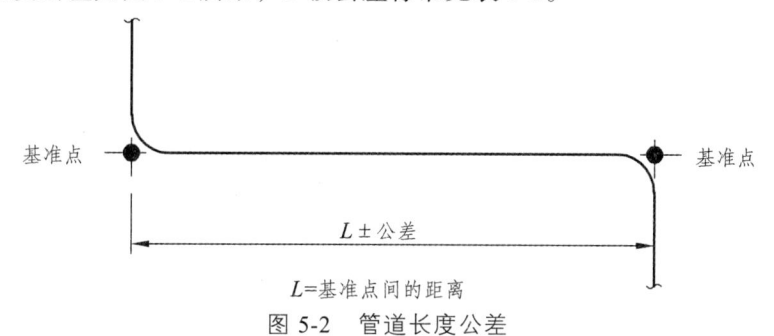

图 5-2　管道长度公差

表 5-2　E 级长度公差标准

级　别	E
公差/mm	$6+2‰L$

注：L 表示计算偏差的两个基准点的距离。

（三）垂直度公差（除法兰外）

管道垂直度公差如图 5-3 所示，E 级公差标准见表 5-3。

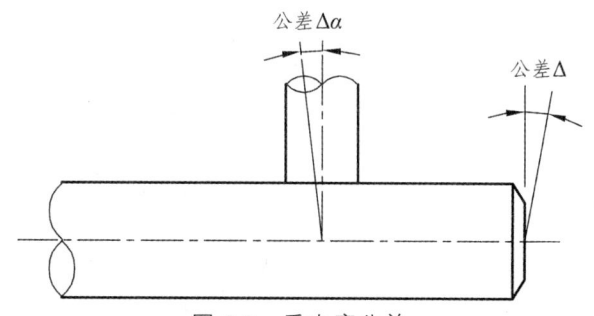

图 5-3　垂直度公差

表 5-3　E 级垂直度公差标准

级　别	E
最大角度允许偏差 $\Delta\alpha$	51′
最大允许斜度 $\tan\Delta\alpha$	0.015

（四）法兰的垂直度公差（在密封面周围的最大偏差）

法兰的垂直度公差如图 5-4 所示。

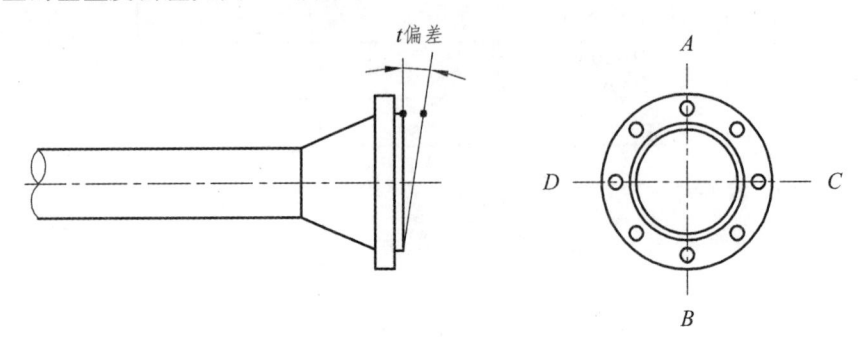

D—管道直径，$D \leqslant 6''$；$t \leqslant 1$ mm。

图 5-4　法兰的垂直度公差

第二节　管段的量尺和切割下料

管道系统是由不同材质的管子构成不同形状、不同长度的管段，由各管段共同组成的完整系统。在施工过程中，正确的量尺和切割下料方法是管道工应掌握的一项重要的操作技能。

一、管子切割常用机具

常用的切割工具有砂轮切割机（见图 5-5）、切管机（见图 5-6）、等离子切割机以及锯割（圆锯、电动弓锯、带锯）。

图 5-5　砂轮切割机

图 5-6　切管机

二、管子切割的工艺流程

管子切割的工艺流程：切割前的准备→画线和识别标记→切割→标识移植。

（一）切割前的准备

（1）选择适用的切割设备。
（2）检查切割设备的状况。
（3）材料的准备。

（二）画线和识别标记

（1）切割前应在切割部位进行画线。
（2）做标识要在切割前或切割后立即进行。

（三）切割

（1）无论是圆锯、电动工具还是带锯，使用时都必须要用润滑剂。
（2）为满足清洁度要求，在锯完后必须清除切割油。
（3）锯割后要仔细清除毛刺。
（4）砂轮切割机切割奥氏体不锈钢管材时，要采用无铁铝基砂轮片。

（四）标记移植

标记移植应符合相关程序的规定。

三、量尺与下料

任何一个管道系统都是由若干个管段组成的。在非核电区域，所谓管段，是指两管件（阀件）或管件与阀件之间由管子与管件（阀件）组成的一段管道。两管件中心之间的长度称为管段的构造长度，管段中管子的实际长度称为下料长度。当管段为直管段时，下料长度小于构造长度；当管段为弯管段时，下料长度经展开大于构造长度。

由于核岛辅助管道通常都是由预制厂根据 VFP 状态的等轴图预制完成 A 口，检验合格后运送到现场，所以对于现场安装所用的等轴图，通常所说的管段是指图中两个 M 口之间组成的一段管道。如图 5-7 所示，M1 到 M3 焊口组成了 GN.3L80018.S1 管段，这与上述所说的管段有所不同。

量尺的目的是要测量管子的构造长度，从而确定管子加工的下料长度。

管子的下料长度即管段的加工长度。下料长度应根据构造长度来计量，它还与管道的连接方式和加工工艺有关。

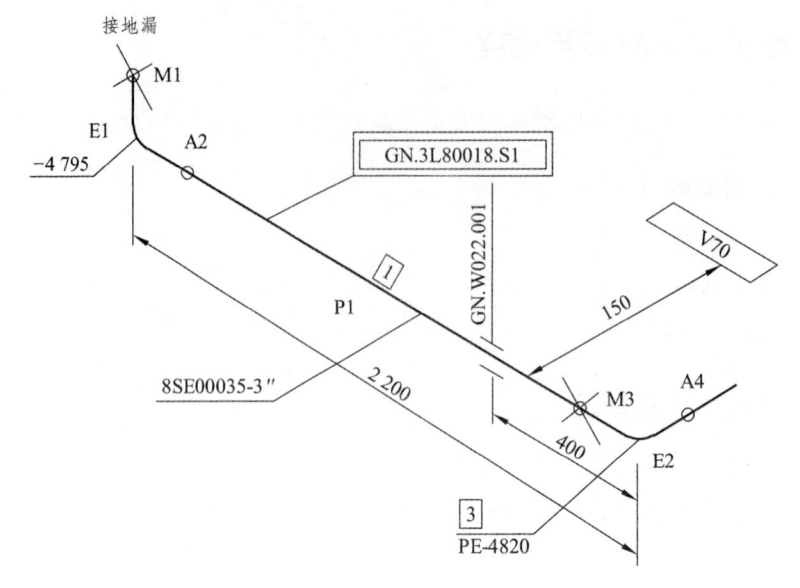

图 5-7 核岛现场等轴图管段

四、计算法下料举例

使用计算法下料时，除已知管段的构造长度 L 外，还必须掌握不同材质、不同形状管件的结构尺寸，才能通过计算求得下料长度。

核岛管道下料计算如图 5-8 所示，下料长度 l_2 为：

$$l_2 = L_2 + c' + b' - c - b$$

式中　L_2——构造长度；

b，c——管件中心线到端面的长度；

b'，c'——管段插入管件内的长度（插套）。

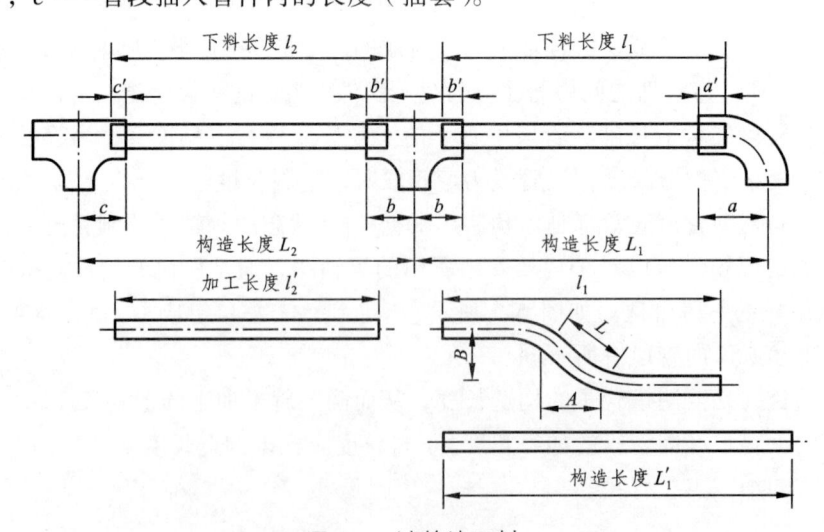

图 5-8　计算法下料

管道下料计算中的长度公差见表 5-4。

表 5-4 长度公差

级别	A	B	C	D	E
公差/mm	2+0.5L/1000	3+0.5L/1000	3+L/1000	3+2L/1000	6+2L/1000

注：L 表示计算偏差的两个基准点之间的距离，如图 5-2 所示。

例 如图 5-9 所示，图中管道尺寸为 1"不锈钢管道，管道壁厚系列为 SCH40S，求图中 T8 管段两基准点间的长度公差以及下料长度。

解 根据管道公差等级综合表确定图 5-9 中的管道等级为 E 级，公差为 6+2L/1000（mm）。

（1）T8 管段两基准点间的长度公差=6+(2×181)/1000=6.36（mm），即两基准点间的长度=181+6.36=187.36（mm）。

（2）下料长度=结构长度−弯头半径+插入管长度=181−70+20=131（mm）。

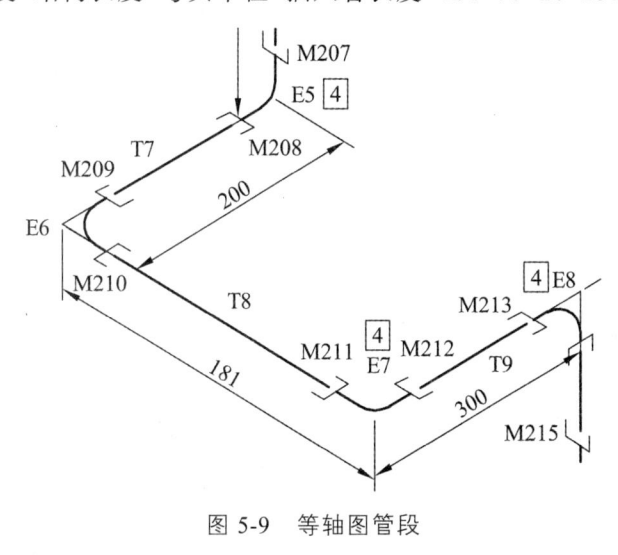

图 5-9 等轴图管段

第三节 管道坡口加工及焊口组对

一、管道坡口加工

（一）坡口机加工

（1）使用电动坡口机加工坡口时，管端与刀口之间应留有 2~3 mm 的间隙，管子中心线应垂直于坡口机的机削平面，进刀应缓慢，并加冷却液使刀具冷却。

（2）操作者必须熟悉坡口机加工工艺，切削完毕后，清除坡口处的油脂、脏污和水分。

（二）角向砂轮磨光机加工

（1）角向砂轮磨光机所使用的砂轮片直径为ϕ100、ϕ125或ϕ150，坡口加工的管道规格应与砂轮片规格相匹配。

（2）坡口加工完毕应及时去除残存毛刺，清洗坡口表面及邻近区域（20 mm之内）。

（三）检验

无论用哪种方法，坡口加工操作完成之后，应对坡口的质量进行检验，其检验标准如下：

（1）坡口的加工尺寸和加工形式必须符合坡口加工图的要求或技术文件的规定。

（2）坡口的加工质量应满足下列要求

① 坡口表面的粗糙度应达 $Ra \leq 6.3$ μm 的要求。

② 坡口不应有不均匀的钝边、毛刺、擦伤、裂纹、氧化皮及凹凸等缺陷。

③ 坡口两边20 mm内的管子内、外表面的清洁度，用白布进行检查，肉眼检验白布基本保持原有清洁度为合格。

二、管道组对、焊接

（一）管道组对、焊接的先决条件

在核岛辅助管道安装的施工现场中，按照设计技术条件的分类，将整个现场的管道按直径分为两大类：一类为直径$\phi \leq 2''$的管道，另一类为直径$\phi > 2''$的管道。对于不同管径的管道采用的组对方法也不相同（个别组对例外）。无论对于何种管径的管道，在焊接组对之前，必须检查是否满足下列条件的要求：

（1）所需的跟踪文件是否齐全。

（2）焊接设备是否经过标定。

（3）焊工是否具有相应的资格。

只有满足上述焊接条件之后，才可以进行组对和焊接。

（二）直径$\phi \leq 2''$管道的组对、焊接

直径$\phi \leq 2''$的管道的组对方式有两种：绝大多数为插套焊缝，少数为对接焊缝。插管管端为斜面的形式如图5-10所示。按照焊接接头形式的不同，其组对的方法也不同，具体方式如下：

在焊接之前，插管端部和管套底部之间的间隙为1.0～4.0 mm。在焊接之后套管和管道之间无间隙，如图5-11所示（焊接之后大于0 mm的间隙是可以接受的）。

优先采用的间隙值 X 为：

（1）对于 $\phi \leqslant 1''$，间隙为 $1 \leqslant X \leqslant 3$ mm。

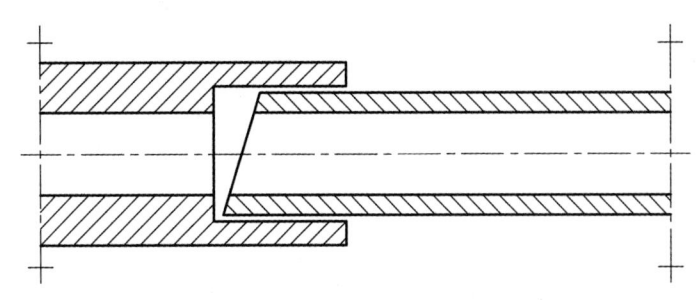

（2）对于 $1'' < \phi \leqslant 2''$，间隙为 $1 \leqslant X \leqslant 4$ mm。

图 5-10 插管管端为斜面

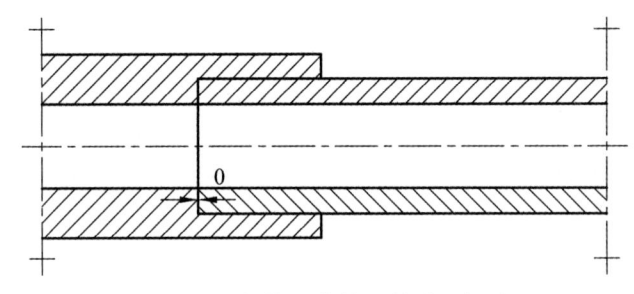

图 5-11 焊接后套管和管道没间隙

（三）直径 $\phi > 2''$ 管道的组对、焊接

1. V 形、U 形对接焊

对于 $\phi > 2''$ 的管道，其接头形式均为对接焊，其坡口形式一般有 V 形对接和 U 形对接两种形式，见图 5-12。

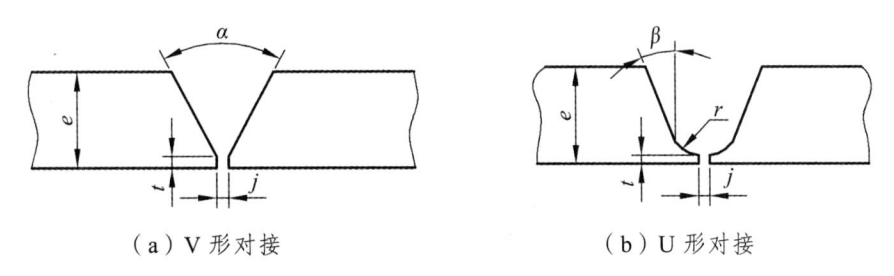

（a）V 形对接　　　　（b）U 形对接

图 5-12　V 形、U 形对接焊缝

组对前必须将坡口表面 20 mm 范围内的铁锈、油污清理干净，并打磨出金属光泽，然后检查坡口的外观是否符合相关的规定。

当上述内容检查合格后，才可以进行组对。在组对时，为了管道的对中和保持组对的位置，可以使用诸如卡箍、夹紧器、夹具等措施进行调整，如图 5-13、图 5-14 所示。

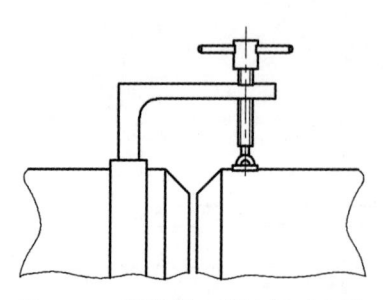

图 5-13　管道焊口错边组对方法　　　图 5-14　焊口错边调整

在管道组对过程中，由于下列原因的客观存在，必然会产生错边：

（1）组对件的口径大小不一致，主要原因为管件（如弯头、三通、大小头等）与管子之间存在厚度差。

（2）管道存在椭圆度，这是由于工程上存在大量板卷焊管，此类管道椭圆度较大。

为了尽量减少或消除错边，在组对时，可采取以下措施：

（1）将错口均匀地分布（见图 5-15）。

（2）利用夹具或千斤顶等工具修整管道的椭圆度。

（3）将壁厚减薄形成过渡坡口，以减少错边量。

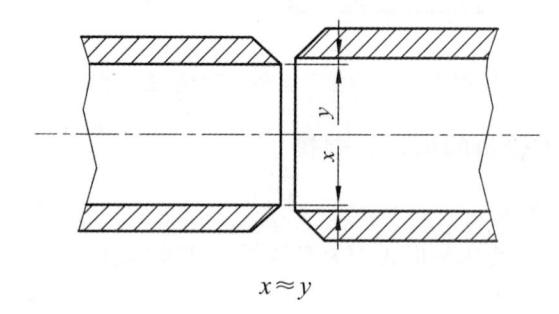

$x \approx y$

图 5-15　口径大小不一致时的组对方法

2. 组对完成后的点固（如需要）

部件在组对完成后，按照 RCCM 的有关规定，应根据壁厚情况选择不同的点固方式，如图 5-16、图 5-17 所示。

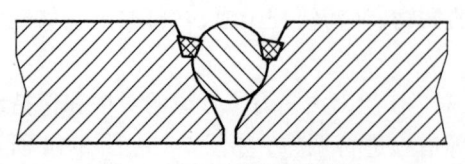

图 5-16　点固棍固定焊口　　　图 5-17　点固块固定焊口

- 104 -

（四）焊接

（1）点固完成后，经 QC 检查人员检查并在相应的跟踪文件上签字后，方能开始焊接。

（2）焊接时，应特别注意，严禁在坡口表面以外的区域引/起弧，焊机的地线必须保持良好的夹紧状态。对于不锈钢管道焊接，焊缝背面应有惰性气体保护，以免氧化。

（3）在焊接过程中，特别是在打底焊道时，应避免产生未焊透、未熔合等焊接缺陷，对于氩-电联合焊，则应注意层间的清理，以免产生夹渣。

（4）在焊接过程中，注意错边情况，从焊接方式、顺序、速度等方面避免造成错边的增大。

（五）焊接接头的要求

焊接接头不允许存在下列情况：

（1）主焊缝呈"十"字交叉。出现这种情况是绝对不能焊接的，应使纵横焊缝错开，见图 5-18。

（2）对需要对接焊的两个管子或弯头，其纵向焊缝边缘的净距离不小于下面两个数中的小者：2 倍于管子或弯头的壁厚；40 mm。

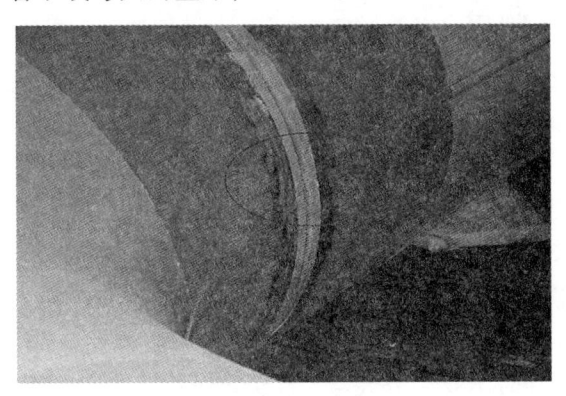

图 5-18　纵焊缝错开

第四节　管道校形

管道由于生产、运输或存放等原因，会出现弯曲、管口椭圆的现象，安装前必须进行处理，使其符合使用标准。

管道校形是指对已经安装或者制造过程中的管道进行调整，以纠正因安装不当、运输或其他原因造成的变形，确保管道系统的正确位置和功能。以下是一些常用的管道校形方法：

（1）冷态校正法。这种方法主要包括人工校正和机械校直。人工校正通常用于直径较小（DN50以下）且弯曲变形不大的管子。操作时，工人会用锤子在管子的凸起部分轻敲，直到管道恢复直线状态。需要注意的是，在进行此操作时要避免对管件本身造成损害。对于直径较大（大于DN50）的管子，如果弯曲变形不大，可使用机械校直法，这需要借助专门的机械设备来施加压力，从而纠正管道的形状。

（2）热态校直法。这种方法适用于管径大、弯曲变形大的管子。这种方法利用钢在一定温度下具有较好塑性的特点，通过加热使钢件易于校正。热态校直可以采用整体加热或局部加热的方式，例如使用氧-乙炔火焰加热或高频感应加热等。加热温度取决于钢件所需的硬度，通常不应超过钢件的回火温度。

除了上述方法，还有如残缺割除法，这是针对无法通过常规方法校直的局部凹陷或变形部位，选择将这些部分切除，然后将剩余的良好部分连接起来的方法。

此外，在进行管道校形时，还需要参照相关的技术规范和标准，如《油气管道管材及焊接技术》中提到的各种无芯弯曲技术以及管道安装的基本规定等，以确保校形工作的准确性和管道系统的安全稳定运行。

管子的调直可以采用冷调直和热调直两种方式。

一、管子的冷调直

管子的冷调直是指在常温下直接对管子进行调直，适用于公称通径在 50 mm 以下且弯曲不严重的钢管。冷调直可采用人工或机械方法进行。

（一）扳别调直法

对于口径在 15~25 mm 的管子，如果是大慢弯，可采用在弯管平台人工扳别的办法进行调直：操作时把弯管平放在弯管平台上的两根别桩（铁桩）之间，然后用人力扳别。弯管较长时可以从中间开始；如果弯管不太长（2~3 m），可从弯曲起点开始，边扳别边往前移动。扳别时不要用力太猛，以免扳过劲，如一次扳不直可按上述方法重复，直到调直为止。在扳别过程中，管子与别桩之间要垫上木板或弧形垫板，以免把管子挤扁。

（二）锤击调直法

将弯管子放在普通平台或厚钢板上，一个人站在管子的一端，观察管子的弯曲部位，指挥另一个人用木槌敲击凸出的部位，先调大弯再调小弯，直到将管子调直为止。

二、管子的热调直

（一）热较形

（1）对于管道和管件，热校形包括调圆部件的端头，以使焊接前能在所要求的公差允许范围内进行装配,并在必要时既能进行机加工,又能保证所要求的待焊边缘的最小厚度。

(2)加热前的准备:待加热的表面上应无油漆、油脂、氧化物和杂质。

(3)加热方法:采用中性火焰对部件变形区进行加热,火焰在被加热的表面上不断移动,使部件受热均匀,避免局部过热。

(4)加热温度:在整个加热操作期间,最高温度不得超过 700 ℃。

(5)在加热期间必须要保证加热不影响原来的焊接工艺评定程序(尤其是纵向焊缝);当校正管道或管件时,建议使用定型器。

(6)对不符合要求的部件进行加热(在同一位置只允许热校形操作一次),应根据缺陷情况,用铁锤在外部或内部进行校形。

(7)对于管子端部的校形,可在 50 mm 宽的范围内进行。这个操作一直进行到定型器能插入该部分为止。

(8)当待校形的部件椭圆度过大时,可使用压力机校形,这种情况下可以从内部加热。

(9)对于弯管的校形,可采用手工操作的液压弯管机或管子矫直机。

(二)空冷校形

1. 空冷校形的有关要求

对于管件,当需要对法兰平行度进行调整或需对坡度进行校正时,在不使用千斤顶的情况下,可采用空冷校形。下面是空冷校形的有关要求:

(1)加热前的准备:待加热的表面上应无油漆、油脂、氧化物和杂质。

(2)加热方法:采用中性火焰对部件变形区进行加热,火焰在被加热的表面上不断移动,使部件受热均匀,避免局部过热。

(3)在整个加热操作期间,最高温度不得超过 700 ℃。

(4)管道在冷却中自然变形。

(5)禁止使用千斤顶。

(6)禁止用水来激冷校形。

2. 检查

冷却以后,应对加热表面及周围进行目视检查:检查结果应没有裂纹、气孔和凹坑。如目视检查后怀疑有问题,则用钢丝刷清理后再进行磁粉检验。

(三)热校形的过程

(1)首先申请热校形焊缝的焊接控制单,申请到焊接控制单以后,由有经验的人员根据法兰平行度的超差程度或管道的倒坡程度对焊缝的某一部分进行磨削。

(2)然后由焊工对这部分焊缝进行焊接,在焊接过程中应观察校形情况。焊接以后让其在空气中自然冷却,待其完全冷却后,对热校形结果进行测量。如果没有达到预期效果，可重复此项操作。

（3）在现场热校形工作结束以后，根据热校形焊缝控制单对此焊缝进行相关的无损检验，如液体渗透检验和/或 RT 检验，待各项检验合格后即告此项热校形工作全部结束。

第五节　管道的弯制

对管道进行弯制时，常采用的弯管机有手动和自动两种，如图 5-19、图 5-20 所示。

图 5-19　自动弯管机　　　　　　　　图 5-20　手动弯管机

一、弯管前的准备工作

（1）文件的准备，包括图纸、技术说明书、程序、工作文件清单、质量计划、任务单等。

（2）从事弯管操作的工作人员都要进行入场的相关培训、考核合格后，再经过管道相关专业培训且考核合格后持有相应的《弯管人员资格证书》，方可上岗。

（3）弯管工艺评定，如果环境温度低于 5 ℃，则建议对管材加热（采用气焊火焰），加热到 50 ℃ 以下。

（4）弯管所用的物品、材料已到位，质量合格且具备申请领用条件。

（5）弯管机应按照技术规范给出的检查次数进行检查。一般来说，每次开始新的工作都要对设备进行检查。对液压机需检查油缸液位，如果使用电动机则要检查其电压和电流。

（6）应检查弯管机的功能和配套工具是否与待弯管材的尺寸相符合。

（7）工具必须清洁，并不得有引起管子表面损伤的物质（特别是在弯曲不锈钢管材时，接触不锈钢管的工具须衬以不锈钢材料或镀铬）。

（8）根据管子直径和壁厚选择有芯棒或无芯棒的弯管机（器）。

（9）准备好合格的管材。

二、弯管角度及尺寸的计算

（一）弯管角度的计算

在等轴图中，管线的走向都是按与坐标轴的相对位置，以尺寸进行标注。弯管时须在弯管机上预先设置弯曲角度。如等轴图中未注明，则应根据图 5-21 中所给出的尺寸计算。

$$\alpha = \arctan \frac{a}{b}$$

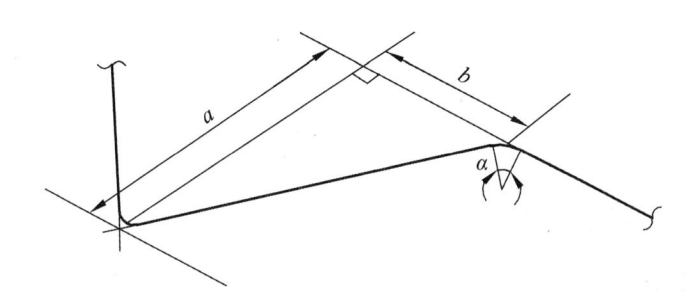

图 5-21 弯曲角度的计算

对于一个三维角度（如图 5-22 所示），应先确定一个平面，根据已知的尺寸计算出任意三角形的三个边长，然后按任意三角形余弦定理进行计算：

$$\beta = 180° - \arccos \frac{d^2 + f^2 - e^2}{2df}$$

其中：$e^2=(a+d)^2+b^2+h^2$，$f^2=c^2+h^2$，$c^2=a^2+b^2$。

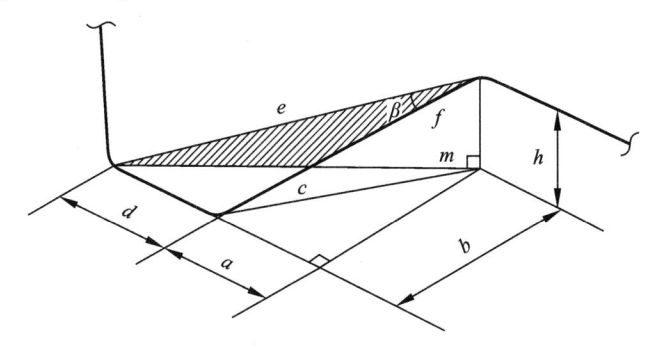

图 5-22 三维弯曲角度的计算

（二）管道坡度的计算

管道坡度：等轴图上两个工作点（基准点）之间的高度即为管道的坡度。如果管道坡度已由图纸确定，则安装后要求管道的坡度及坡向必须与图纸上确定的坡度及坡向一致，坡度的允许偏差为坡度值的-30%～+50%。

图 5-23 所示坡度的允许偏差计算如下：

1130-1100=30（mm）

正偏差 30×(+50%)=+15（mm）

负偏差 30×(-30%)=-9（mm）

图 5-23　坡度偏差计算

三、弯管后的管件允差

（一）外观允差

弯曲区域不得有深度大于 0.05 倍的理论厚度或 0.3 mm 的划伤、皱皮、裂痕或者撕裂。如果缺陷超过以上标准，应采用砂轮打磨和砂纸打磨。

（二）椭圆度偏差

弯管后最大偏差：

$$(D_{max}-D_{min})/D \leqslant 8\%$$

式中　D_{max}——弯曲后的最大直径；

D_{min}——弯曲后的最小直径；

D——理论上应为弯曲前的管道最小外径。

（三）弯曲半径

弯管半径应按五倍管道直径考虑，即 $R=5D$（特殊情况需经工程公司同意）。

（四）弯曲间距

当设计采用连续弯管时，相邻两个弯管之间应保留一段直管段（长度为 a），且：

（1）$\phi = 1/4''$（13.7 mm）时，$a \geqslant 50$ mm。

（2）$1/2''$（21.3 mm）$\leq \phi \leq 1''$（33.4 mm）时，$a \geq 110$ mm。

（3）$1''1/2$（48.3 mm）$\leq \phi \leq 2''$（60.3 mm）时，$a \geq 140$ mm。

（4）$\phi > 2''$（60.3 mm）时，$a \geq 250$ mm。

如在相邻两个弯管之间不能保证以上最小直管段长度时，应在相邻两个弯管间加设焊缝。

在没有特殊说明的情况下，不得使用斜接弯头。

四、管道弯制的方法

（一）管道的热弯

管道热弯注意事项：

（1）冲砂热弯所用的砂子要选用经过筛选、洗净、干燥的细砂，填充满后敲实再堵上。

（2）加热区域均匀，升温要缓慢，局部加热温度不宜过高。

（二）管道的冷弯

1. 开机前的检查工作

（1）检查工作场所周围，清除一切妨碍工作和交通的杂物；地面上不得有油污、水渍，以免滑倒；物料架摆放在安全位置，物料摆放整齐，以防倒塌伤人。

（2）检查弯管机上的防护装置是否完好，发现异常情况应处理后方可启动。

（3）检查弯管机的润滑部位，缺油或无油时应加注相应润滑油。

（4）检查弯管机上是否存在杂物妨碍设备运转。

（5）检查弯管机的液压系统，确认工作正常。

（6）主控屏严禁使用管件、硬物点击。

2. 安全操作事项

（1）在开机试运转时，检查机械运转是否正常，电器开关是否灵敏有效，一切正常后方可工作。

（2）如需两人同时工作时应密切配合，协调一致，操作时不得与他人谈笑，以防误操作或管件伤人。

（3）在弯管机运转过程中，操作者应注意力集中，视线不得离开设备。

（4）弯管机运转时，在管件弯管行程范围附近严禁站人，操作者及操作台在弯管行程外侧。

（5）在夹持管道时，手指远离夹持、导模模具。

（6）弯管结束后关闭电源，物品摆放有序，清洁工区。

（三）电动弯管机的操作流程

1. 手动模式

主管：整机回零→复位→返回→手动模式→角度设置（Z）→抓料夹→弯管。

总管：送料进→转角主夹夹→导模夹→抓料松→弯管→主夹松→导模松→退弯→送料退→复位→返回。

2. 自动模式

先按（零件参数）长度、角度设置好参数后按回车键，计算、保存。管道参数包括弯管数量、弯头数量、长度、首弯位置、上料位置、计算材料长度。弯管过程中，遇紧急情况可踩脚踏开关（紧急停车按钮）停止工作。

（四）弯管的质量要求

（1）管道走向应符合设计要求。
（2）角度偏差小于±1°。
（3）构造长度偏差不大于 5 mm。
（4）管线同一几何面的平整度满足设计要求。
（5）弯好后管口的椭圆度不大于 8%。
（6）直焊缝的位置应在斜上 45°方向。

第六节　管件的放样

在管道安装工程中，经常遇到转弯、分支和变径所需的管配件，这些管配件中的相当一部分要在安装过程中根据实际情况现场制作，而制作这类管件必须先进行展开放样，因此，展开放样是管道工必须掌握的技能之一。

所谓展开，根据施工图的要求，按正投影原理，将金属板壳构件的表面全部或局部按其实际形状和大小（1∶1）依次铺平在同一平面上。构件表面展开后构成的平面图形称为展开图。

一、展开放样的基本要求

（一）展开三原则

展开三原则是展开时必须遵循的基本要求。

（1）准确精确原则：指展开方法正确，展开计算准确，求实长精确，展开图作图精确，样板制作精确

（2）工艺可行原则：放样必须熟悉工艺，要通过工艺审核才行。也就是说，大样画得出来还要做得出来，而且要容易做，做起来方便，不能给后续工作制造困难。

（3）经济实用原则：对一个具体的生产单位而言，理论上正确的不一定是可操作的，先进的不一定是可行的，最终的方案一定要根据现有的技术要求、工艺因素、设备条件、外协能力、生产成本、工时工期、人员素质、经费限制等情况综合考虑，具体问题具体分析，努力找到简便快捷、切合实际、经济实用的方案，绝不能超现实，脱离现有工艺系统的制造能力。

（二）展开三处理

展开三处理是实际放样前的技术处理，它根据实际情况，通过作图、分析、计算来确定展开时的关键参数，用以保证制造精度。

1. 板厚处理

上面所说的空间曲面是纯数学概念的，没有厚度，但实际中存在有三维度尺寸的板面。板材都有厚度，对板料进行成形加工时，板材的厚度对放样是有影响的，板材的厚度越大，影响越大，而且随着加工工艺的不同，影响也不同。

2. 接口处理

（1）接缝位置。单体接缝位置的安排或组合件接口的处理看起来无足轻重，实际上是很有讲究的。放样时通常要考虑的因素有：① 要便于加工组装；② 要避免应力集中；③ 要便于维修；④ 要保证强度，提高刚度；⑤ 要使应力分布对称，减少焊接变形等。

（2）管口位置与接头方式。管口位置和接头方式一般由设计决定，其一般的原则是：① 遵循设计要求和有关规范，既要满足设计要求，也要考虑是否合理。② 考虑采用的工艺和工序，分辨哪些线是展开时画的、哪些线是成形后画的。③ 结合现场，综合处理，分辨哪些线是展开时画的、哪些线是现场安装时画的。

（3）坡口方式。坡口的方式主要跟板厚和焊缝位置有关。

3. 余量处理

余量处理俗称"加边"，就是在展开图的某些边沿预留一定的加宽量。这些必要的余量因预留的目的不同而有不同的称呼，如搭接余量、翻边余量、包边余量、咬口余量、加工余量等。余量数据主要通过分析计算、经验估算、上机测算等方法取得，然后经生产实践检测核对、修正定尺。

二、展开放样的方法

在作图展开法中，按其作图方法的不同，又可分为放射线法、平行线法和三角形法等。

（一）放射线法

这种方法在换面逼近时使用的面元是三角形，但这些三角形共一顶点，常用在锥面的展开图中。放射线法的一般步骤是：

（1）针对某曲面的结构，依照一定的规则，将该曲面划分为 N 个共一顶点、彼此相连的三角形微面元。

（2）对每个三角形微面元，都用其三顶点组成的平面三角形逐个替代，即用 N 个三角形替代整个曲面，其替代误差随着 N 的增加而减小。

（3）在同一平面上按同样的结构和连接规则组合画出这些呈放射状分布的三角形组，从而得到模拟曲面的近似展开图形。

（4）N 根据误差大小、加工工艺和材料性质等因素通过实践选择。

（二）平行线法

这种方法在换面逼近时仅用的面元是梯形，常用在柱面的展开图中。平行线法的一般步骤是：

（1）针对某曲面的结构，依照一定的规则，将该曲面划分为 N 个彼此相连的梯形微面元。

（2）对每个梯形微面元，都用其四顶点组成的平面梯形逐个替代，即用 N 个梯形替代整个曲面，其替代误差随着 N 的增加而减小。

（3）在同一平面上按同样的结构和连接规则组合画出这些梯形，于是得到模拟曲面的近似展开图形。

（4）N 根据误差大小、加工工艺和材料性质等因素通过实践选择。

（三）三角形法

这种方法在换面逼近时使用的面元是三角形，可用于柱面、锥面等各种曲面的展开。三角形法应用广，准确度高。其一般步骤是：

（1）针对某曲面的结构，依照一定的规则，将该曲面划分为 N 个彼此相连的三角微面元。

（2）对每个三角微面元，都用其三顶点组成的平面三角形予以替代，即用 N 个三角形替代整个曲面，其替代误差随着 N 的增加而减小。

（3）在同一平面上按同样的结构和连接规则组合画出这些三角形，于是得到曲面的近似展开图形。

（4）N 根据误差大小、加工工艺和材料性质等因素通过实践选择。

三、圆管类下料展开长度计算

（1）用钢板卷制的圆管展开长度计算：钢板在卷成圆管时，里面受压缩短、外面受拉伸长，中性层不变，因此应按中径计算圆管展开长度，同时制作展开图的样板也有厚度，因此样板的周长也应考虑这个因素，即 $L=\pi(d+t)$。（L 为圆周长，π 为圆周率，d 为管子内径，t 为管壁厚度，D 为管子外径。下同）

（2）异径三通小管径端的展开周长，按管径中径即 $L=\pi(d+t)$，开孔端展开周长则按小管径内径计算，即 $L=\pi d$。

（3）等径三通管及虾节弯头展开周长以管子外径计算，即 $L=\pi D$。

四、常见几种管件的展开放样

（一）马蹄弯头的展开放样

弯头又称马蹄弯，根据角度的不同，可以分为直角马蹄弯（见图 5-24）和任意角度马蹄弯（见图 5-25）两类，它们均可以采用投影法进行展开放样。

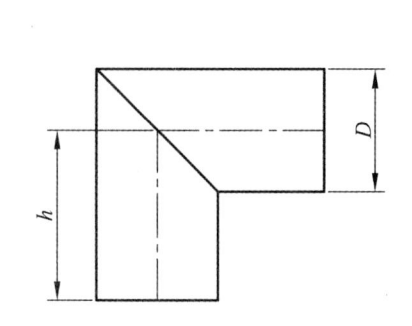

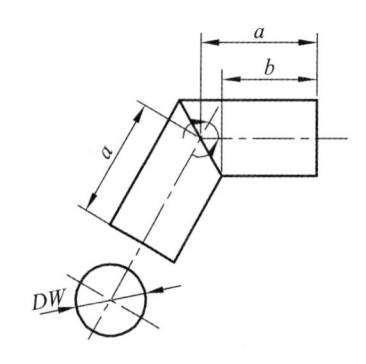

图 5-24 直角马蹄弯　　　图 5-25 任意角度马蹄弯

1. 任意角度马蹄弯的展开放样

任意角度马蹄弯的展开方法与步骤如下（已知尺寸 a、b、D 和角度）：

（1）按已知尺寸画出立面图，如图 5-26 所示。

（2）以 $D/2$ 为半径画圆，然后将断面图中的半圆 6 等分，等分点的顺序设为 1、2、3、4、5、6、7。

（3）由各等分点作侧管中心线的平行线，与投影接合线相交，得交点为 1′、2′、3′、4′、5′、6′、7′。

（4）作一水平线段，长为 πD，并将其 12 等分，得各等分点 1、2、3、4、5、6、7、6、5、4、3、2、1。

（5）过各等分点，作水平线段的垂直引上线，使其与投影接合线上的各点 1′、2′、3′、4′、5′、6′、7′引来的水平线相交。

（6）用圆滑的曲线将相交所得的点连接起来，即得任意角度马蹄弯展开图。

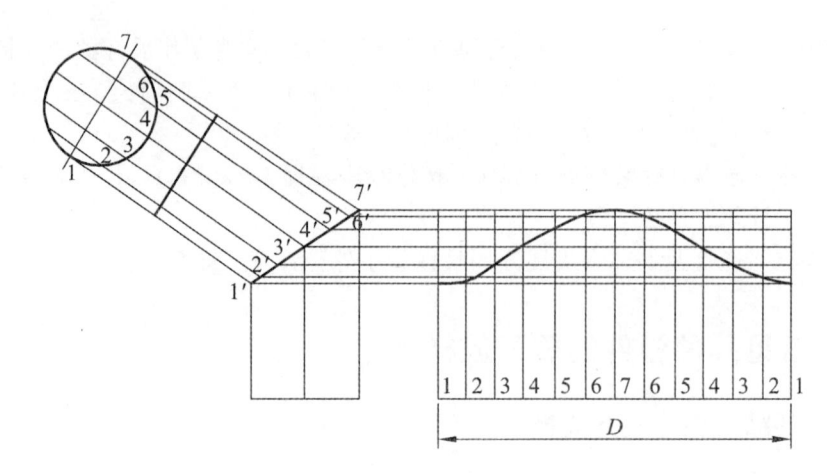

图 5-26　任意角度马蹄弯的展开放样图

2. 直角马蹄弯的展开放样（已知直径 D）

由于直角马蹄弯的侧管与立管垂直，因此，可以不画立面图和断面图，以 $D/2$ 为半径画圆，然后将半圆 6 等分，其余与任意角度马蹄弯的展开放样方法相似，如图 5-27 所示。

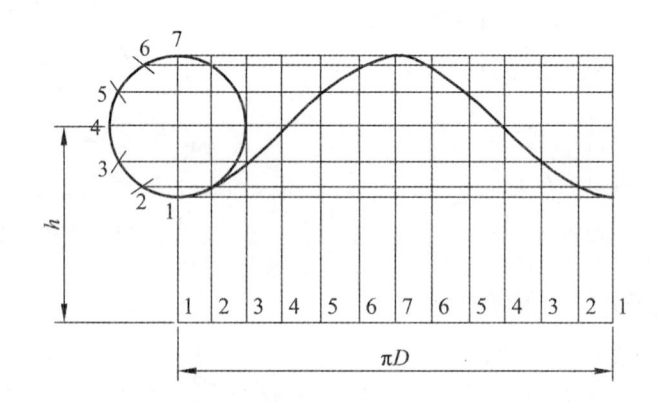

图 5-27　直角马蹄弯的展开放样图

（二）虾壳弯的展开放样

虾壳弯由若干个带斜截面的直管段组成，有两个端节及若干个中节，端节为中节的一半。根据中节数的多少，虾壳弯分为单节、两节、三节等多种类型。节数越多，虾壳弯头的外观越圆滑，对介质的阻力越小，但制作越困难。

90°单节虾壳弯的展开放样方法和步骤如下（见图 5-28）：

（1）作 $\angle AOB=90°$，以 O 为圆心，以半径 R 为弯曲半径，画出虾壳弯的中心线。

（2）将 $\angle AOB$ 平分成两个 45°，即图 5-28 中 $\angle AOC$、$\angle COB$，再将 $\angle AOC$、$\angle COB$ 各平分成两个 22.5°的角，即 $\angle COD$、$\angle DOB$。

（3）以弯管中心线与 OB 的交点 4 为圆心，以 $D/2$ 为半径画半圆，并将其 6 等分。

（4）通过半圆上的各等分点作 OB 的垂线，与 OB 相交于 1、2、3、4、5、6、7，与 OD 相交于 1′、2′、3′、4′、5′、6′、7′，直角梯形 11′77′就是需要展开的弯头端节。

（5）在 OB 的延长线的方向上，画线段 EF，使 $EF=\pi D$，并将 EF 12 等分，得各等分点 1、2、3、4、5、6、7、6、5、4、3、2、1，通过各等分点作垂线。

（6）以 EF 上的各等分点为基点，分别截取 11′、22′、33′、44′、55′、66′、77′线段长，画在 EF 相应的垂直线上，得到各交点 1′、2′、3′、4′、5′、6′、7′、6′、5′、4′、3′、2′、1′，将各交点用圆滑的曲线依次连接起来，所得几何图形即为端节展开图。用同样方法对称地截取 11′、22′、33′、44′、55′、66′、77′后，用圆滑的曲线连接起来，即得到中节展开图，如图 5-28 所示。

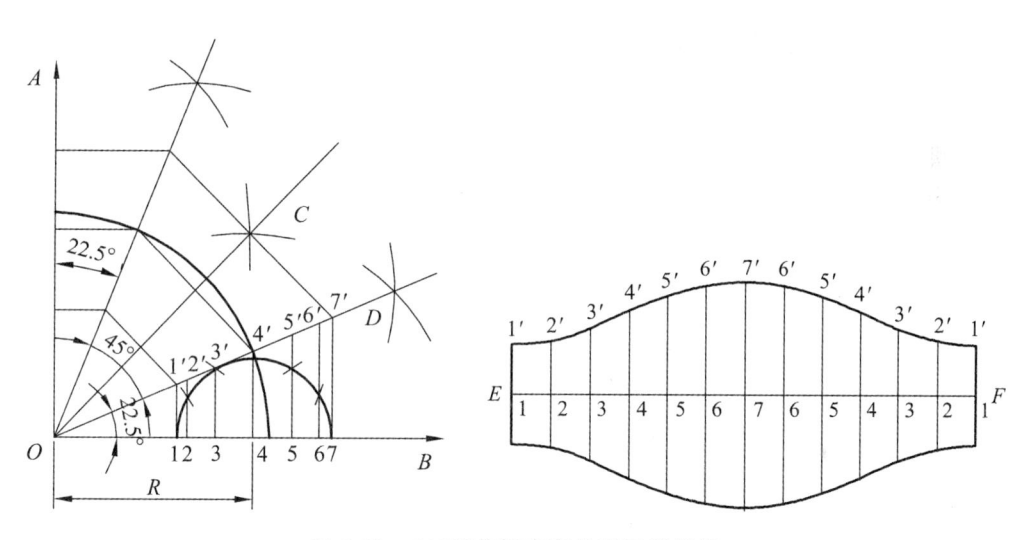

图 5-28　90°单节虾壳弯的展开放样图

（三）同径三通的展开放样

绘制同径三通的展开放样图步骤如下：

1. 同径三通展开放样图

绘制同径三通展开放样图的步骤如下（见图 5-29）：

（1）绘制正视图（包含相应的轴线）。

（2）以 11 为直径，画半圆并 6 等分。

（3）作 2 的垂线交 2′，3 的垂线交 3′，4 的垂线交 4′……

（4）计算圆的周长 πD 并分为 12 等分。

（5）过 πD 各等分点，作水平线段的垂直引上线，使其与投影接合线上的各点 1′、2′、3′、4′引来的水平线相交。

（6）将 11′、22′、33′、44′的交点以光滑连线连接即为同径三通展开图。

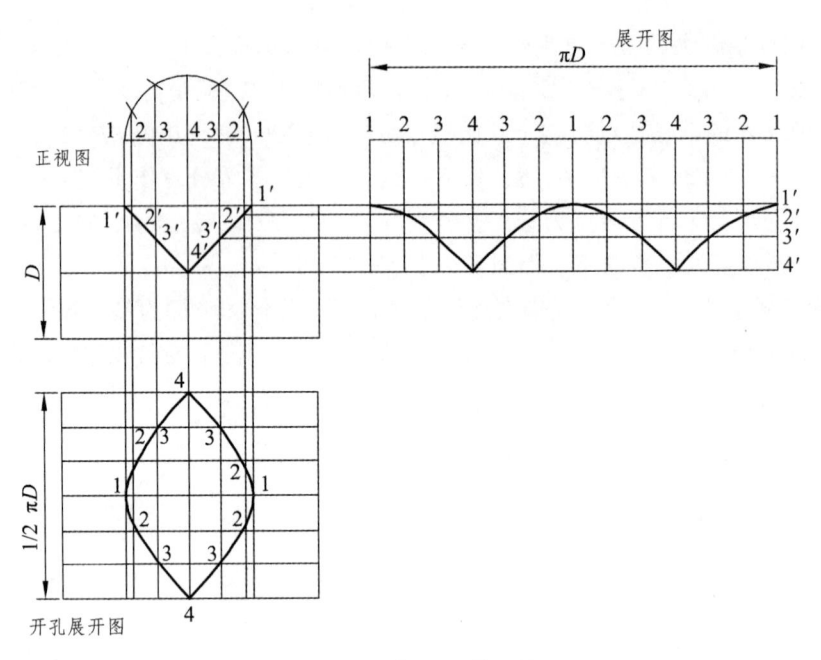

图 5-29　同径三通展开图

2. 同径三通管孔开孔展开放样图

（1）作 1/2 圆周平面图并 6 等分。

（2）作 11′射线交 1，作 22′的射线交 2，作 33′的射线交 3，作 44′的射线交 4。将 1、2、3、4 各点作光滑连线连接即为同径三通管孔的展开图。

（四）同心大小头展开图

绘制同心大小头展开图的步骤如下（见图 5-30）：

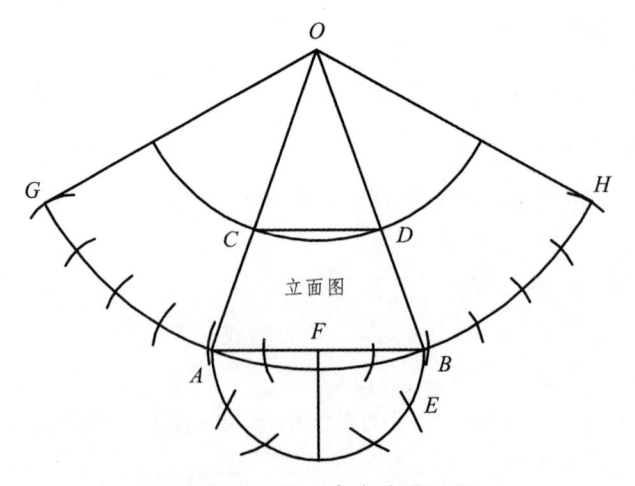

图 5-30　同心大小头展开图

（1）画同心大小头立面图 *ABDC*。

— 118 —

（2）延长 AC、BD 相交于 O。

（3）分别以 OC、OA 为半径画弧。

（4）以线段 AB 为直径画半圆，并 6 等分。

（5）以 AB 中点 F 为起点，分别在 FG 和 FH 方向的弧线上以 AB 半圆的等分 BE 作 6 等分，于 G、H。

（6）连接 OG 及 OH 即为同心大小头展开图。

思考与练习

1. 什么是管道预制？基本工序有哪些？
2. 简述管道预制的目的及要求。
3. 什么是结构尺寸？什么是下料尺寸？
4. 管道弯制的质量要求有哪些？
5. 绘制马蹄弯管件的展开图（已知管道的外径为 48 mm，弯制角度为 60°）。

第六章
核电管道安装施工技术

- 第一节 管道分级与安装流程……………122
- 第二节 工业管道通用施工技术……………128
- 第三节 典型工业管道的安装技术…………137
- 第四节 核电管道在线部件的安装…………143
- 思考与练习………………………………146

管道安装施工

第一节 管道分级与安装流程

一、管道的级别

管道的级别按照以下规定：
(1) 安全等级：分为安全 1、2、3 级和安全无级。
(2) 质保级：分为质保 1、2、3 级和质保无级。
(3) RCCM 级：分为 RCC-M 1、2、3 级和无级。
(4) 清洁级：分为 A、B、C 三类。
(5) 管道级：用 3 个或 4 个字母表示。例如 NAD，第一个字母表示耐压级别，第二个字母表示管道材质，第 3 个字母表示 RCCM 级别，第 4 个字母表示是标准级还是特殊级。

① 第一个字母表示 ANSI（美国国家标准）B 16.5 级基本额定值。

第一个字母	基本额定值	对应的压力
N	150 磅	2.0 MPa

② 第二个字母表示材质类型：括号内表示 NSSS 系统代号及名称，括号外表示 BNI 系统。

第二个字母	材 质
A、C 或 K（A）	碳钢（低合金钢）

③ 第三个字母表示设计适用代号。

第三个字母	材质等级
D	RCC-M 3 级（D 卷）

④ 第四个字母表示分类：A（或空白）——标准类。B、C、J 等——特殊类。

二、管道的安装流程

管道安装是按照施工逻辑顺序进行的，其最终目的是使安装的管道系统安全投运。管道安装施工过程如图 6-1 所示。

（一）先决条件的准备、检查与放行

(1) 该质量计划已启动，最新版的技术文件已发至班组。
(2) 相关人员具备资质，并接受技术交底和安全培训。
(3) 施工房间已由土建移交给机电安装单位，施工区域照明光线充足，动力电源具备，"四孔"按照安全技术要求做好防护措施。

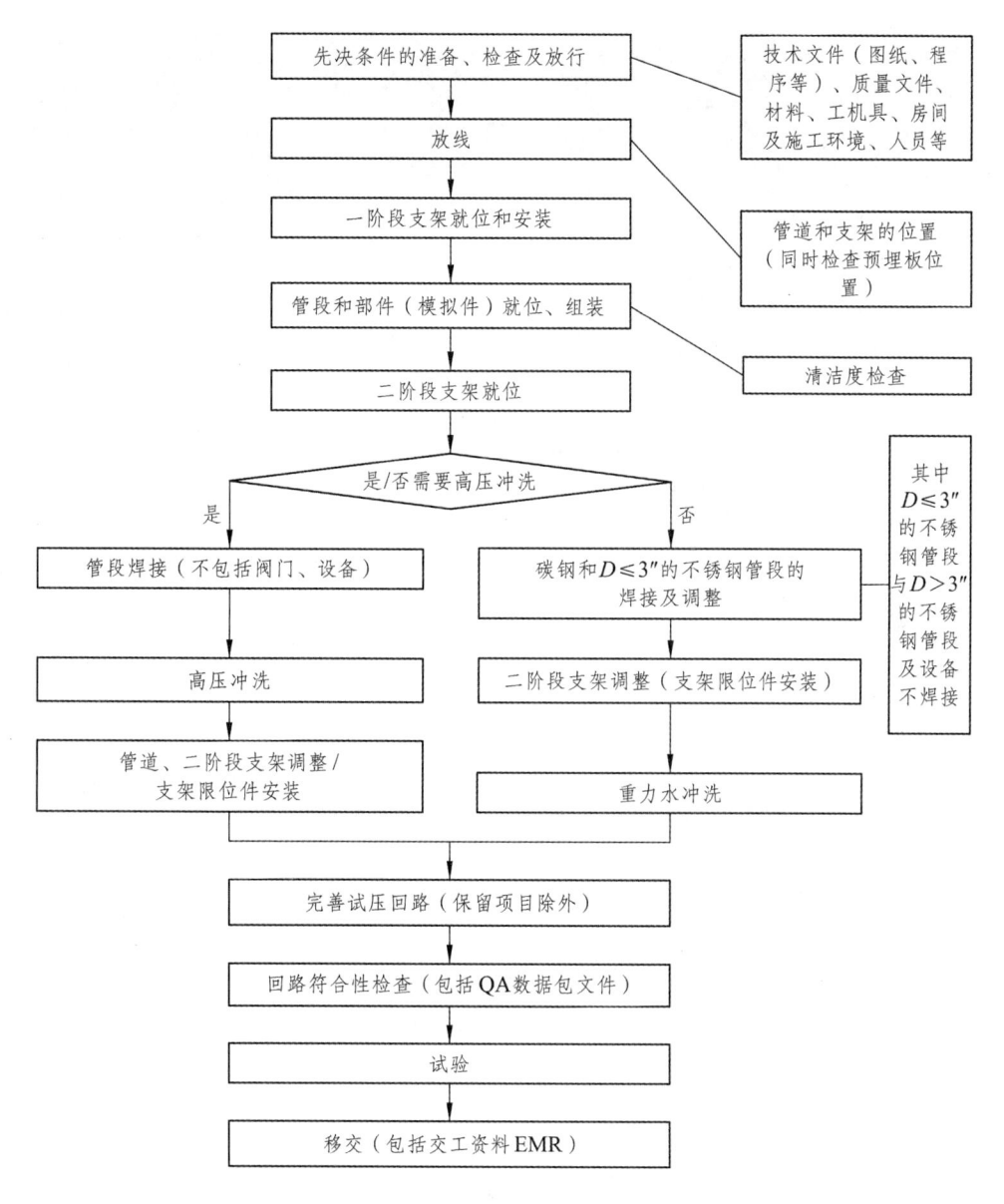

```
先决条件的准备、检查及放行 ──→ 技术文件（图纸、程序等）、质量文件、材料、工机具、房间及施工环境、人员等
        │
        ▼
       放线
        │
        ▼
  一阶段支架就位和安装 ──→ 管道和支架的位置（同时检查预埋板位置）
        │
        ▼
  管段和部件（模拟件）就位、组装 ──→ 清洁度检查
        │
        ▼
    二阶段支架就位
        │
        ▼
   是/否需要高压冲洗
   是 ↓          否 ↓
管段焊接（不包括阀门、设备）   碳钢和D≤3″的不锈钢管段的焊接及调整
   │                          │
   ▼                          ▼
  高压冲洗              二阶段支架调整（支架限位件安装）
   │                          │
   ▼                          ▼
管道、二阶段支架调整/       重力水冲洗
支架限位件安装
        │
        ▼
  完善试压回路（保留项目除外）
        │
        ▼
  回路符合性检查（包括QA数据包文件）
        │
        ▼
       试验
        │
        ▼
  移交（包括交工资料EMR）
```

其中 $D≤3″$ 的不锈钢管段与 $D>3″$ 的不锈钢管段及设备不焊接

图 6-1　管道安装流程

（4）工机具配置齐全，量具且经过计量标定。

（5）相应的材料已运至施工区域。

（二）放线定位

（1）依据管道平面布置图和管道等轴图，参考房间内的坐标板及标高、基准点进行放线定位（见图 6-2、图 6-3），以此确定管道支吊架、管线的具体位置及走向。

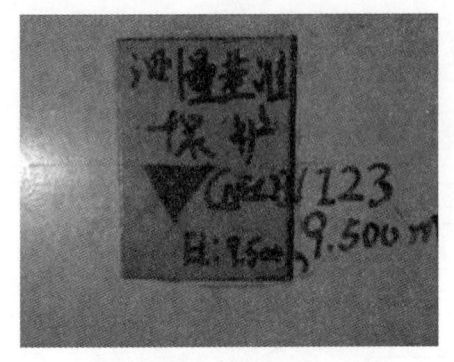

图 6-2 标高点标识　　　　　　　图 6-3 基准点标识

（1）对于在廊道及其他区域的管线和支架，应根据测量标记及与结构墙面、天花板、地面的相对位置进行定位。

（2）放线时可先选择两端的支架或管道基准点定位，常用拉线的方法来确定中间支架或管道的位置（中心线），以满足坡度要求，可以避免由于土建结构误差所引起的安装偏差。

（三）一阶段支架安装

（1）管道支架的定位必须根据等轴图和支架图，标出其位置。

（2）在支架安装中为保证可调性，不能满焊所有接头，对部分接头应采用点焊连接。

（3）级别高的、结构复杂的或多根管道共用的支吊架优先，高的先于低的，有预埋板的先于用膨胀螺栓固定的。

（4）支架定位后的中心线不得偏离技术公差要求。

（5）若是锚固板与混凝土胀接，打孔区域假如碰到钢筋，应停止钻孔并选择一个新位置钻孔，其外径必须离前一个孔外径表面的对角线≥25 mm。

（6）在安装螺栓前，用压缩气体或高压水流对螺栓孔进行清洁，不允许外部物质留在孔内。

备注：在基板上钻孔时（见图 6-4），若支架底板上另有多余的孔，不需要填补，但应补漆。

图 6-4 基板上钻孔

（四）管段组装就位

1. 管段组装注意事项

在确定管段和阀门等设备位置后进行管段组装，应注意以下事项：

（1）管段安装应根据设计的最新版次的轴测图和管道平面布置图进行，安装前核对管段位置和标记，若设计图纸之间发生冲突时应以轴测图为准。

（2）管道装配前，管道部件应清洁干净，需涂漆的表面已进行涂漆。

（3）焊口的局部间隙过大时，应设法修整到规定尺寸，严禁在间隙内加填塞物。

（4）管口组对时应注意：避免碰伤坡口，管道连接时不得强力组对（见图6-5）。

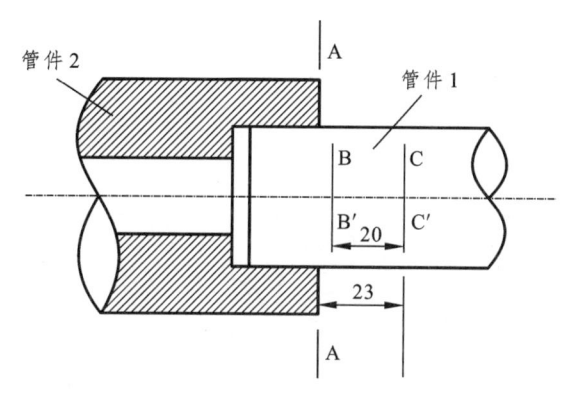

图6-5 插套焊口组对

2. 管段的法兰组对及栓接

（1）栓接法兰的安装顺序：检查先决条件→检查法兰平行度、清洁度→安装密封垫和三个紧固件（如有可能每个间隔120°）→密封垫对中及逐渐对角拧紧（紧固力矩小于最终力矩值）并找正法兰→安装其他紧固件并逐渐拧紧→检查密封垫均匀受压→法兰组件的最终紧固（达到最终力矩值）→螺母锁定（见图6-6）。

图6-6 法兰栓接

（2）法兰装配和栓接的技术要求：

① 装配前，法兰表面的密封面应清理干净，不得有划痕。

②装配平焊法兰时,管段应插入法兰内径厚度的 2/3 处,且不大于 2 mm。

③法兰平行度满足要求。

④法兰的同心度满足要求,保证螺栓自由穿入;连接螺栓规格相同,安装方向一致,螺栓对称、均匀紧固。

⑤螺母的硬度应小于螺栓的硬度,螺杆的螺纹外露 2~3 扣(<5 mm)。如有要求,螺母、螺栓应涂润滑剂。

⑥高温或低温管道的法兰连接螺栓,在试运行 24 h 后,要进行热紧或冷紧。

⑦法兰紧固件(螺栓、螺母和垫片)符合技术标准。

(五)二阶段支架安装

(1)二阶段支架安装、调整与管道安装同步进行,必须满足技术要求,且不得改变支架的功能。例如管道轴向导向功能的支架(代号 GL,见图 6-7),其 CX 型管夹 A+B 或 C+D 的累计间隙为 2 mm。

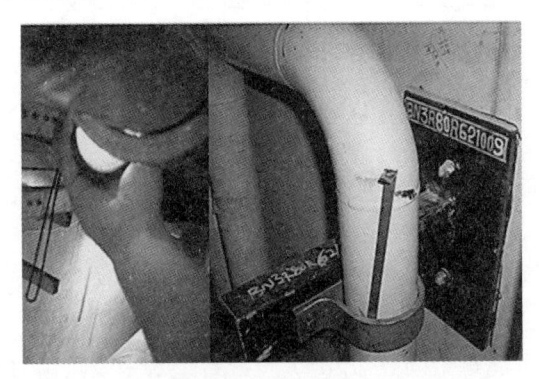

图 6-7 GL 型支架安装效果图

(2)弹簧吊架安装完成后,要在试验结束后再拔出弹簧销钉;铰接杆的调整与管道安装同步,见图 6-8、图 6-9。

(3)阻尼器的安装和调整应在管道及管道上的其他支架和支架部件安装完毕之后进行,且在冷态功能试验以后进行。

图 6-8 弹簧吊架 图 6-9 半铰接型支架

（六）支架的最终焊接和涂装

（1）将支架调整合适后，由固定支架开始对支架进行焊接。在焊接时应按照焊接工艺执行，防止焊件由于热应力因素产生不可接受的焊接变形，或者出现其他焊接缺陷。

（2）焊缝经质检人员检验合格并签字后，应及时通知防腐人员进行防锈涂装。

（七）核电管道的符合性检查

管道符合性检查，是指在对管道压力试验回路试压前，对管道及支吊架安装质量实施的一次全面检查验证活动。

管道符合性检查的目的是：检查管道及其支架安装是否符合安装程序和图纸要求。

1. 管道符合性检查的内容

（1）安装图的正确性。

（2）支吊架的完整性。

（3）支架的功能性。

2. 管道符合性检查的步骤

（1）管道符合性检查申请已经批准。

（2）通知质检、监理进行现场核查。

（3）准备好相关图纸、技术文件、工机具量具，检查环境满足条件。

（4）检查安装图纸的正确性、支吊架的完整性和功能性：① 对照文件、图纸进行实物检查；② 资料记录；③ 签字确认。

（八）核电管道的试验与吹洗

后续再详细讲解，这里不赘述。核电站管道安装效果如图 6-10、图 6-11 所示。

图 6-10　核电站 D 区管道安装效果图

图 6-11　核电站 L 区管道安装效果图

第二节 工业管道通用施工技术

一、管道施工概述

(一) 管道施工的基本任务

管道施工主要是根据具体设计或施工图纸的要求,选择管道、管件和附件,经过规范的施工方法,将管道、管件和附件组合安装成所需要(满足使用功能)的管道系统。

(二) 管道施工的主要工作内容

管道施工的主要工作内容包括:
(1) 工程材料的接收、管理。
(2) 设备工机具的管理。
(3) 根据现场图纸进行放线和支架定位。
(4) 管道、支架下料。
(5) 管道坡口打磨。
(6) 支架基板钻孔。
(7) 管道、支架、阀门等附件的安装。
(8) 质量跟踪文件的填写等。

(三) 管道定位的依据

管道定位的依据是管道平面布置图和等轴图,辅助参考房间内的墙体、柱、坐标板、标高基准点等。

管道位置尺寸在管道平面布置图上有明确表示,通常这些位置尺寸标注在管线的拐点、支管节点或重要的阀门等部件与土建参照点、测量坐标点或其他设备(管线)间距的连线上。根据这些尺寸基本确定了管道的位置,更精确的位置调整应根据等轴图上所示的管道与支架的结构关系、相互之间的位置尺寸、运用管道的调节余长、支架位置的允许误差等综合权衡后决定。

(四) 管道的安装顺序和流程

1. 管道的安装顺序

(1) 先地下后地上,先高后低,先里后外,先大管后小管,先碳钢后不锈钢,先支架后管道。

（2）在同等条件下，技术要求高的，即 RCCM 级别高的先安装。

2. 管道的安装流程

管道的安装流程如下：① 施工准备→② 配合土建预留、预埋、测量→③ 管道、支架预制→④ 附件、法兰加工、检验→⑤ 管道安装→⑥ 管道系统检验→⑦ 管道系统试验→⑧ 防腐绝热→⑨ 系统清洗→⑩ 竣工验收。

二、管道安装技术要求

（一）管道安装前的施工准备

（1）施工图纸和相关技术文件应齐全，并已按规定程序进行设计交底和图纸会审。

（2）施工组织设计或施工方案已经批准，已有适宜、齐全的焊接工艺评定报告，编制并批准了焊接作业指导书，且已进行技术和安全交底。

（3）施工人员已按有关规定考核合格。

（4）已办理工程开工文件。

（5）用于管道施工的机械、工器具应安全可靠，计量器具应检定合格并在有效期内。

（6）针对可能发生的生产安全事故，编制并批准了应急处置方案。

（7）压力管道施工前，应向工程所在地的市场监督管理部门办理书面告知，并应接受监督单位及检验机构的监督检验。

（二）管道、管件和材料的检验

（1）管道、管件和材料应具有制造厂的产品质量证明文件，并符合现行国家标准和设计文件的规定。

（2）产品合格证包括：产品名称、编号、规格型号、执行标准等。产品质量证明书包括：材料化学成分、材料以及焊接接头的力学性能、热处理状态等其他检验项目。

（3）管道、管件和材料使用前应核对其材质、规格、型号、数量和标识，进行外观质量和几何尺寸的检查验收，标识应清晰完整，能够追溯到产品的质量证明文件。

（4）阀门检验应符合下列规定：

① 阀门安装前应进行外观质量检查，阀体应完好，开启机构应灵活，阀杆应无歪斜、变形、卡涩现象，标牌应齐全。

② 阀门应进行壳体压力试验和密封试验，壳体压力试验和密封试验应以洁净水为介质。不锈钢阀门试验时，水中的氯离子含量不得超过 25 ppm。

③ 阀门的壳体试验压力应为阀门在 20 °C 时最大允许工作压力的 1.5 倍，密封试验压力应为阀门在 20 °C 时最大允许工作压力的 1.1 倍，试验持续时间不得少于 5 min。无特殊规定时，试验介质温度应为 5~40 °C，当低于 5 °C 时，应采取升温措施。

（三）管道加工技术要求

1. 卷管制作技术要求

（1）同一筒节两纵焊缝间距不应小于 200 mm。

（2）组对时，相邻筒节两纵焊缝间距应大于 100 mm。

（3）有加固环、板的卷管，加固环、板的对接焊缝应与管子纵向焊缝错开，其间距不应小于 100 mm，加固环、板距卷管的环焊缝不应小于 50 mm。

（4）对接环焊缝和纵焊缝的错边量应符合相关技术标准。

（5）端面与中心线的垂直允许偏差不得大于管子外径的 1%，且不得大于 3 mm，每米直管的平直度偏差不得大于 1 mm。

（6）在卷管制作过程中，应防止板材表面损伤。对有严重伤痕的部位应进行补焊修磨，修磨处的壁厚不得小于设计壁厚。

2. 弯管制作技术要求

（1）弯管弯曲半径无设计文件规定时，高压钢管的弯曲半径宜大于管子外径的 5 倍，其他管子的弯曲半径宜大于管子外径的 3.5 倍。

（2）不得有裂纹、过烧、分层等缺陷。

（3）弯管内侧褶皱高度不大于管子外径的 3%，波浪间距不小于褶皱高度的 12 倍。

（4）承受内压的弯管，其椭圆度不大于 8%；承受外压的弯管，其椭圆度不大于 3%。

（5）弯管制作后的最小厚度不得小于直管的设计壁厚。

3. 虾壳弯头的制作技术要求

（1）预制弯头的组成形式应符合技术规定。DN>400 mm 的预制弯头可增加中节数量，其内侧的最小宽度不得小于 50mm。

（2）预制弯头的焊接接头应采用全焊透焊缝。当 DN≥600 mm 时在管内进行封底焊。

（3）斜接弯头的周长允许偏差应符合下列规定，当 DN≥1000 m 时允许偏差为 ±6 mm；当 DN≤1000 mm 时允许偏差为 ±4 mm。

（四）管道安装

1. 管道安装前应具备的条件

（1）与管道有关的土建工程已检验合格，满足安装要求，并已办理交接手续。

（2）与管道连接的设备已找正合格，固定完毕。

（3）管道组成件和支承件等已检验合格。

（4）管子、管件、阀门等内部已清理干净，有特殊要求的管道内部质量已符合设计文件的规定。

（5）管道安装前应进行的脱脂、内部防腐或衬里等有关工序已完毕。

（6）管道穿越道路、墙体、楼板或构筑物时，应加设套管或砌筑涵洞进行保护，并应符合下列规定：

① 管道焊缝不应设置在套管内。
② 穿过墙体的套管长度不得小于墙体厚度。
③ 穿过楼板的套管应高出楼面 50 mm。
④ 穿过屋面的管道应设置防水肩和防雨帽。
⑤ 管道与套管之间应填塞对管道无害的阻燃材料。

2. 钢制管道安装

（1）管道对口时应在距接口 200 mm 处测量平直度，DN<100 mm 时，允许偏差为 l mm；DN>100 mm 时，允许偏差为 2 mm，且全长允许偏差均为 10 mm。

（2）法兰连接与钢制管道的同心度、法兰间的平行度符合要求，螺栓应能自由穿入。法兰螺栓孔应跨中布置。法兰与管道的焊接偏差不得用强紧螺栓的方法清除。

（3）法兰连接应使用同规格、同材质螺栓，安装方向一致。螺栓应对称紧固。

（4）当大直径密封垫片需拼接时，应采用斜口接或迷宫式拼接，不得采用平口连接。

3. 设备的管道安装

（1）管道与设备的连接应在设备安装定位、紧固地脚螺栓且找平找正后进行，管道与动设备连接时，不得采用强力对口，使动设备承受附加外力。

（2）管道与动设备连接前，应在自由状态下检验法兰的平行度和同心度，允许偏差应符合规定。

（3）管道系统与动设备最终连接时，应在联轴器上架设百分表监视动设备的位移，其位移值应达标。

（4）大型储罐的管道与泵或其他有独立基础的设备连接，或储罐底部管道沿地面敷设在支架上时，应在储罐液压（充水）试验合格后安装，或在液压（充水）试验及基础初阶段沉降后，再进行储罐接口处法兰的连接。

4. 伴热管安装

（1）伴热管应与主管平行安装，并应能自行排液。当一根主管需多根伴热管伴热时，伴热管之间的相对位置应固定。

（2）水平伴热管宜安装在主管的下方一侧或两侧，或靠近支架的侧面。垂直伴热管应均匀分布在主管周围。

（3）伴热管不得直接点焊在主管上。弯头部位的伴热管绑扎带不得少于 3 道，直管段伴热管绑扎点间距应符合规定。伴热管经过主管法兰、阀门时，应设置可拆卸的连接件。

5. 夹套管安装

（1）夹套管外管经剖切后安装时，纵向焊缝应设置于易检修的部位。

（2）夹套管的定位板安装宜均匀布置，且不影响环隙介质的流动和管道的热位移。

6. 防腐衬里管道安装

（1）对有衬里的管道组成件，应保证一定的存放环境，温度适宜，避免阳光和热源的辐射。

（2）衬里管道安装应采用软质或半硬质垫片。

（3）衬里管道安装时，不应进行施焊、加热、碰撞或敲打。

（4）若在现场进行第一次实测预制时，法兰间的临时垫片厚度与正式垫片相同，在管路合适的位置要预留调节段。

7. 阀门安装

（1）阀门安装前，应按设计文件核对其型号、规格、材质，并应按介质流向确定其安装方向。

（2）当阀门与管道以法兰或螺纹方式连接时，阀门应在关闭状态下安装。以焊接方式连接时，阀门应在开启状态下安装。对接焊缝底层宜采用氩弧焊，且应对阀门采取防变形措施。

（3）安全阀应垂直安装，安全阀的出口管道应接向安全地点，其进出管道上设置截止阀时，应锁定在全开启状态。

8. 支、吊架安装

（1）支、吊架安装位置应准确，安装应平整牢固，与管子接触应紧密。管道安装时，应及时固定和调整支、吊架。

（2）无热位移的管道，其吊杆应垂直安装；有热位移的管道，其吊杆应偏置安装，吊点应设在位移的相反方向，并按位移值的 1/2 偏位安装。两根有热位移的管道不得使用同一吊杆。

（3）固定支架应按设计文件的规定安装，并应在补偿装置预拉伸或预压缩之后固定。

（4）导向支架或滑动支架的滑动面应洁净平整，不得有歪斜和卡涩现象。有热位移的管道，支架安装位置应从支承面中心向位移反方向偏移，偏移量为位移值的 1/2。

（5）弹簧支、吊架的弹簧高度应按设计文件规定安装，弹簧应调整至冷态值，并做记录。弹簧的定位销（块）应待系统安装、试压、绝热完毕后方可拆除。

（6）有热位移的管道，在热负荷运行时，应及时对支、吊架进行检查与调整。

9. 静电接地安装

（1）有静电接地要求的管道，当每对法兰或其他接头间电阻值超过 0.03 Ω 时，应设导线跨接。

（2）管道系统的接地电阻值、接地位置及连接方式应按设计文件的规定，静电接地引线宜采用焊接形式。

（3）有静电接地要求的不锈钢和有色金属管道，导线跨接或接地引线不得与管道直接连接，应采用同材质连接板过渡。

（4）静电接地安装完毕后，必须进行测试，电阻值超过规定时，应进行检查与调整。

三、管道系统试验和吹洗要求

（一）管道系统试验

根据管道系统的不同使用要求，管道系统试验主要有压力试验、泄漏性试验、真空度试验。

1. 压力试验

压力试验是以液体或气体为介质，对管道逐步加压，达到规定的压力，以检验管道和严密性的试验。

（1）压力试验前应具备的条件：

① 试验范围内的管道安装工程除防腐、绝热外，已按设计图纸全部完成，安装质量符合有关规定。

② 焊缝及其他待检部位尚未防腐和绝热。

③ 管道上的膨胀节已设置临时约束装置。

④ 试验用压力表已校验，并在有效期内，其精度不得低于1.6级，表的满刻度值应为被测最大压力的1.5~2倍，压力表不得少于2块。

⑤ 符合压力试验要求的液体或气体已备齐。

⑥ 管道已按试验的要求进行了加固。

⑦ 待试管道与无关系统已用盲板或其他措施隔离。

⑧ 待试管道上的安全阀、爆破片及仪表元件等已拆下或已隔离。

⑨ 试验方案已批准，并已进行技术安全交底。

⑩ 在压力试验前，相关文档资料已经建设单位和有关部门复查。

（2）压力试验应符合下列规定：

① 管道安装完毕，热处理和无损检测合格后，才能进行压力试验。

② 压力试验应以液体为试验介质，当管道的设计压力小于或等于 0.6 MPa 时，用气体为试验介质，但应采取有效的安全措施。

③ 脆性材料严禁使用气体进行试验，压力试验温度严禁接近金属材料的脆性温度。

④ 进行压力试验时，应划定禁区，无关人员不得进入。

⑤ 试验过程发现泄漏时，不得带压处理。消除缺陷后应重新进行试验。

⑥ 试验结束后应及时拆除盲板、膨胀节、临时约束装置。

⑦ 压力试验完毕，不得在管道上进行修补或增添物件。当在管道上进行修补或增添物件时，应重新进行压力试验。

⑧ 压力试验合格后，应填写管道系统压力试验记录。

（3）液压试验的注意事项：

① 液压试验应使用洁净水，对不锈钢、镍及镍合金钢管道，水中氯离子含量不得超过 25 ppm。

② 试验前，试验系统内应排尽空气。

③ 试验时环境温度不宜低于 5 ℃，并且高于相应金属材料的脆性转变温度，当环境温度低于 5 ℃ 时应采取防冻措施。

④ 承受内压的地上钢管道及有色金属管道试验压力应为设计压力的 1.5 倍。

⑤ 当管道与设备作为一个系统进行试验，管道的试验压力等于或小于设备的试验压力时，应按管道的试验压力进行试验。

⑥ 试验应缓慢升压，待达到试验压力后，稳压 10 min，再将试验压力降至设计压力，稳压 30 min，检查压力表有无压降、管道所有部位有无渗漏，以压力不降、无渗漏为合格。

（4）气压试验的注意事项：

① 承受内压钢管及有色金属管的试验压力应为设计压力的 1.15 倍，真空管道的试验压力应为 0.2 MPa。

② 试验介质应采用干燥洁净的空气、氮气或其他不易燃和无毒的气体。

③ 试验时应装有压力泄放装置，其设定压力不得高于试验压力的 1.1 倍。

④ 试验前，应用空气进行预试验，试验压力宜为 0.2 MPa。

⑤ 试验时，应缓慢升压，当压力升至试验压力的 50% 时，如未发现异状或泄漏，则继续按试验压力的 10% 逐级升压，每级稳压 3 min，直至达到试验压力，应在试验压力下稳压 10 min，再将压力降至设计压力。

2. 泄漏性试验

泄漏性试验以气体为试验介质，在设计压力下，采用发泡剂、显色剂、气体分子感测仪或其他手段检查管道系统中泄漏点的试验。泄漏性试验应符合下列规定：

（1）输送极度和高度危害介质以及可燃介质的管道，必须进行泄漏性试验。

（2）泄漏性试验应在压力试验合格后进行，试验介质宜采用空气。

（3）泄漏性试验压力为设计压力。

（4）泄漏性试验可结合试车一并进行。

（5）泄漏性试验应逐级缓慢升压，当达到试验压力并且停压 10 min 后，采用涂刷中性发泡剂等方法，巡回检查阀门填料函、法兰或螺纹连接处、放空阀、排气阀、排净阀等所有密封点应无泄漏。

3. 真空度试验

（1）真空系统在压力试验合格后，还应按设计文件规定进行 24 h 的真空度试验。

（2）真空度试验按设计文件要求，对管道系统抽真空，达到设计规定的真空度后，关闭系统，24 h 后系统增压率不应大于 5%。

（二）管道吹扫与清洗

管道系统压力试验合格后，应进行吹扫与清洗，并编制吹扫与清洗方案，方案内容包括：

（1）吹扫与清洗程序、方法、介质、设备。

（2）吹扫与清洗介质的压力、流量、流速的操作控制方法、检查方法、合格标准。

（3）安全技术措施及其他注意事项。

1. 管道吹扫与清洗的一般规定

管道吹扫与清洗方法应根据对管道的使用要求、工作介质、系统回路、现场条件及管道内表面的脏污程度确定，并应符合下列规定：

（1）DN≥600 mm 的液体或气体管道，宜采用人工清理。

（2）DN<600 mm 的液体管道宜采用水冲洗。

（3）DN<600 mm 的气体管道宜采用压缩空气吹扫。

（4）蒸汽管道应采用蒸汽吹扫。

（5）非热力管道不得采用蒸汽吹扫。

2. 管道吹扫与清洗注意事项

（1）管道吹扫与清洗前，应仔细检验管道支、吊架的牢固程度，对不允许吹洗的设备及管道应进行隔离。

（2）管道吹扫与清洗前，应将管道系统内的仪表、孔板、喷嘴、滤网、节流阀、调节阀、安全阀、止回阀等管道组成件暂时拆除，以模拟体或临时短管替代，对以焊接形式连接的上述阀门和仪表，应采取流经旁路或卸掉阀芯等保护措施。

（3）吹扫与清洗的顺序应按主管→支管→疏排管依次进行。

（4）清洗排放的废液不得污染环境，严禁随地排放。吹扫与清洗出的脏物不得进入已吹扫与清洗合格的管道。管道吹扫与清洗合格并复位后，不得再进行影响管内清洁的其他作业。

（5）吹扫时应设置安全警戒区，吹扫口处严禁站人。

（6）管道吹扫与清洗合格后，应由施工单位会同建设单位或监理单位共同检查确认，并填写管道系统吹扫与清洗检查记录及管道隐蔽工程（封闭）记录。

3. 水冲洗注意事项

（1）水冲洗应使用洁净水。冲洗不锈钢、镍及镍合金钢管道，水中氯离子含量不得超过 25 ppm。

（2）水冲洗流速不得低于 1.5 m/s，冲洗压力不得超过管道的设计压力。

（3）水冲洗排放管的截面积不应小于被冲洗管截面积的 60%，排水时不得形成负压。

（4）应连续进行冲洗，当设计无规定时，以排出口的水色和透明度与入口水目测一致为合格。管道水冲洗合格后，应及时将管内积水排净，并及时吹干。

4. 空气吹扫注意事项

（1）宜利用生产装置的大型空压机或大型储气罐进行间断性吹扫。吹扫压力不得大于系统容器和管道的设计压力，吹扫流速不宜小于 20 m/s。

（2）吹扫忌油管道时，气体中不得含油。吹扫过程中，当目测排气无烟尘时，应在排气口设置贴有白布或涂刷白色涂料的靶板检验，吹扫 5 min 后靶板上无铁锈、尘土、水分及其他杂物为合格。

5. 蒸汽吹扫注意事项

（1）蒸汽管道吹扫前，管道系统的绝热工程应已完成。

（2）蒸汽管道应以大流量蒸汽进行吹扫，流速不小于 30 m/s，吹扫前先暖管、及时疏水，检查管道热位移。

（3）吹扫时应按加热→冷却→再加热的顺序循环进行，并采取每次吹扫一根管子、轮流吹扫的方法。

6. 油清洗注意事项

（1）润滑、密封、控制系统的油管道，应在机械设备及管道酸洗合格后、系统试运转前进行油冲洗。不锈钢油系统管道宜采用蒸汽吹净后进行油清洗。

（2）油清洗应采用循环的方式进行。每 8 h 在 40～70 ℃ 内反复升降油温 2～3 次，并及时更换清洗滤芯。

（3）当设计文件或产品技术文件无规定时，管道油清洗后采用滤网检验。

（4）油清洗合格后的管道采取封闭或充氮保护措施。

四、管道安装的技术特点

（一）碳钢管道安装的技术特点

（1）管道焊口均采用氩弧打底，所有的焊接操作必须遵照对应的焊接工艺评定数据和焊工的资格范围。

（2）法兰的螺栓都有相应的、确定的紧固力矩。

（3）管道任何两个参照点间不得存在倒坡。

（4）水平安装的管道底部或管道托座底部与支架结构间不得存在间隙。

（5）如对滑动管段有限位要求时，对限位的尺寸允许偏差也有严格要求。

（6）对法兰组件的平行度和管道坡度的调整可运用焊接收缩的原理，亦可运用氧-乙炔火焰加热、空冷的方法，但它们都有严格的质量控制。

（7）水压试验前不能安装的部件有：水压试验期间需放气和排水的短管与管帽的焊接（在等轴图上都已注明），安全阀，流量计（QD），限流孔板（DI）和流量孔板（KD），膨胀节（JD），金属软管（FL），流速测量器（MD），液位指示器（玻璃管），喷淋头（包括消防喷淋头），不介入现场压力试验的设备（如泵，罐，热交换器等）的法兰最终连接，在线一次仪表（温度计、压力表等）。这些部件在水压试验时用临时的堵头/板、模拟件加临时密封垫将试压回路封闭。

（8）需要特别注意的是，如果泵等设备的进口处需要安装临时过滤器（FT）时，则该处管段两端的法兰在系统冲洗合格之前都使用临时密封垫进行连接。

（二）不锈钢管道安装的技术特点

（1）对不锈钢管道的装卸、运输、现场贮存、安装等操作使用的机具、消耗品、操作方法都有严格的防污染、污染处理、清洁的规定。

（2）对不锈钢常采用机械切割的方式，在车间常用锯割方式切割 2″以上的管材，用坡口机或车床加工坡口。

（3）在进行管道焊缝焊接（全氩）或氩弧打底时，管道内必须设置"氩气室"进行充氩保护，焊口要进行酸洗钝化处理。

（4）不锈钢管道不得与碳素钢支架直接接触。

（5）焊接完成后，如对法兰平行度、管道坡度（大直径管）需作最终调整，只能运用焊接收缩的方法，对于小直径管道的这类调整除了上述方法之外，亦可采用冷矫形方法。

（6）不锈钢管道在安装完毕并在符合性质检后，必须用除盐水对管道内壁进行冲洗清洁，且水中氯离子含量不超标。

（三）管道工程常见的质量问题及处理措施

（1）管道堵塞。处理措施：安装时管口封堵、吹扫、清理杂物。

（2）冷冻管的"冰塞"现象。处理措施：将管道干燥彻底。

（3）蒸汽管道的"水堵""水锤"现象。处理措施：管道预热暖管、坡度、排水、合理布置疏水器。

（4）热水采暖管道不热。处理措施：管道末端或顶端放气、排冷水。

（5）渗漏。处理措施：法兰紧固、更换垫片、阀门更换等。

（6）管道变形。处理措施：消除焊接应力，热力管道胀力弯的预拉伸量，支架的设计合理、安装达标。

第三节 典型工业管道的安装技术

一、热力管道的安装

热力管道输送的介质温度高、压力大、流速快，在工作时不仅受到内压、外载荷的作用，还受到由于温度分布不均或膨胀受到限制而引起的热应力作用，如果这种应力受到制约，就有可能损坏管道及其附属设施，因此我们要遵循管架、管道坡度、输排水以及管道连接等安装技术要求，采取补偿措施，以保证管道系统在正常工况下的稳定性和安全运行。

（一）热力管道安装的施工流程

热力管道安装的施工流程如图 6-12 所示。

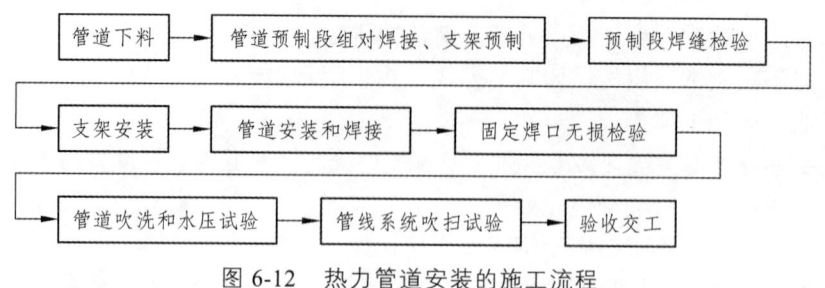

图 6-12　热力管道安装的施工流程

（二）热力管道安装的一般要求

热力管道安装的一般要求如下：

（1）热力管道安装时，首先要按照设计图纸的要求，验收预制管段质量，仔细核对设计材料和各部位的几何尺寸。

（2）充分考虑预制管段预留的位置和预制段的吊装措施，热力管道上放空和放净开孔均应在地面预制时完成，管线在吊装之前应完成管托的焊接工作并完成管道及管托的油漆工作，预留焊口位置不刷油漆。

（3）最后核对吊管和布道顺序，先安装过门或胀力弯，后进行直管安装，待直管固定、管托安装完毕后再进行与胀力弯管的接口工作。

（三）热力管道安装的其他要求

1. 补偿器的安装

热力管道一般采用 U 形或Π形补偿器（见图 6-13）吸收管道的热应力，在安装补偿器时一般应根据现场的实际情况，在地面预制成型，整体吊装。如设计要求补偿器安装时做预拉伸（压缩），则预拉伸（压缩）工作必须在膨胀节两侧的固定支架施工结束后方可进行。应将补偿器安装就位同时测量的最后一道焊口未焊接前到该焊口之间的间距，作为预拉伸（压缩）值。

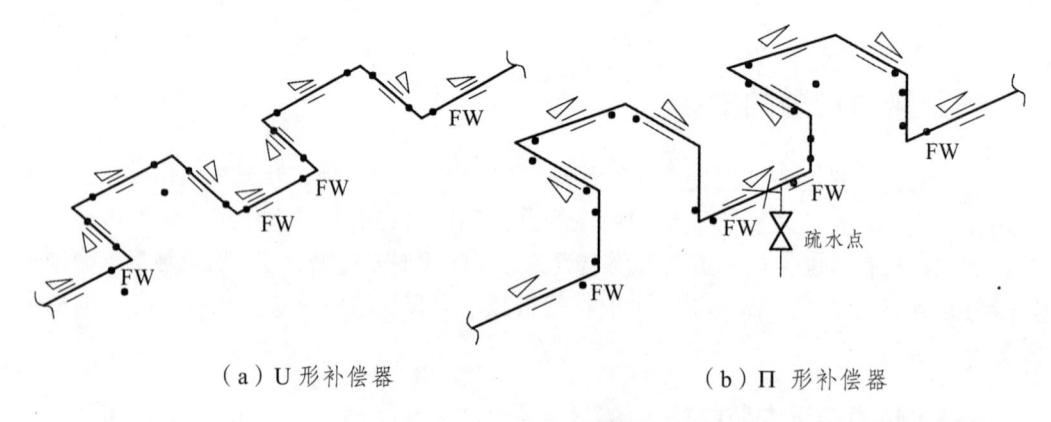

（a）U 形补偿器　　　　　（b）Π 形补偿器

══ 滑动支架；✕ 固定支架；● 焊口；FW 固定焊口；△ 管道坡度方向。

图 6-13　补偿器安装示意图

2. 管道坡度

（1）蒸汽热力管道的坡度值应符合设计要求，设计无要求时，坡度值取 0.003，坡度流向管道与疏水点。

（2）热水热力管道的坡度与蒸汽热力管道的坡度要求相同，坡度流向管道放净点。

3. 疏水器的安装

（1）疏水器的安装位置应符合设计要求，设计无要求时，疏水器阀组的设置应尽量集中并采取相同的结构布置；同时，须将不同等级的蒸汽疏水排至对应等级的凝结水管路系统中。

（2）疏水器阀门上的箭头应与凝结水的流向一致，疏水器的排水管径不能小于进口管径，以免管路中产生背压影响排水。

（3）浮桶式和钟形浮子式疏水器进口和出口位置要水平，不可倾斜安装，以免影响疏水器路的排水阻汽工作，热动力式的疏水器安装方位可以任意选择，但尽量水平安装。

（4）要正确安装疏水器之前的过滤器，管路在吹扫或启用前，应关闭过滤器前的截止阀，待管路蒸汽经旁路充分吹扫后，方可使用过滤器和疏水器。

4. 减压装置的安装

减压阀组中的减压阀体上的箭头标志必须与介质流向一致，减压阀前后要设置隔离阀，低压段的要设置排净管。

5. 安全装置的安装

（1）放空管、安全阀等安全设施必须按图施工。安装完成后应严格检查，做到铅封完好、安装及阀门试验记录齐全。

（2）安全阀必须垂直安装，要确保安全阀的排放点对其他操作点的安全性。

（3）安全阀在室内设置的，应将放空管引出至室外安全区域。

6. 管架安装

（1）弹簧支、吊架安装：

① 热力管道系统的弹簧支架须经过预压缩（拉伸）合格后，在锁死状态下进行安装，并保证弹簧支架的安装高度。弹簧支架的锁紧块应等到系统投用前再拆除。

② 弹簧支架的压缩(拉伸):可在现场制作龙门形卡具，使用液压千斤顶进行压缩，使用手拉葫芦进行拉伸，其数值应符合设计文件的要求。

（2）其他类型支架安装：

① 热力管道的支架必须严格按设计提供的位置进行安装，其位置坐标误差不得大于 10 mm，标高不宜有正偏差，负偏差不得大于 10 mm。

② 在两个膨胀节之间设置的固定支架，其安装必须牢固可靠。

③ 所有的滑动支架应滑动性能良好。

④ 管托安装时要考虑管道在操作状态下的热位移量，一般偏向热位移值的反方向的一半。

7. 热力管道系统的试压

（1）试验前必须编制详细的管道水压试验措施，并对施工人员进行技术交底。

（2）水压试验之前检查待试压的管道系统，所有高点和低点应有放空和放净装置。如原设计没有，应尽早与设计方联系，并在不能排除空气的高点设置永久或临时的放空阀。

（3）热力管道系统在安装结束、所有焊口无损检验合格、符合性检查达到设计质量标准后，方可按照管道设计文件或相应规范的要求进行管道水压试验。

（4）水压试验合格后有关参检方签字认可。

8. 热力管道的吹扫

（1）热力管道一般要求使用蒸汽进行管道系统的吹扫。

（2）当设计或业主要求进行蒸汽打靶试验时，必须按有关标准的要求进行打靶试验。蒸汽管道的吹扫工作还应参照该设备供货厂商的文件要求进行。

（3）蒸汽吹扫时注意暖管过程对管道系统稳定性的影响，应事先采取防失稳的措施。

（4）蒸汽吹扫之前的暖管阶段，应及时对管道法兰连接处进行热紧固，热紧固一般在蒸汽运行 2 h 后进行。

（5）系统蒸汽吹扫一般不少于 3 次，吹扫蒸汽应有足够的流量，要求流速不低于工作流速，且不低于 20 m/s。

（6）系统引入蒸汽后应时刻监视管道系统的运行状态，发现有泄漏的法兰应马上进行紧固，避免泄漏扩大。

（7）蒸汽管道吹扫时，应对所有的疏水器的疏水性能进行检验，以保证其功能。

（8）系统进行吹扫时，应将所有的疏水器前的放净阀打开，待各个放净点无大量凝结水时再关闭放净阀，以保证疏水器正常投用。

9. 补充说明

（1）蒸汽管道最低点设疏水器，热水管道最高点设排气阀。

（2）变径管的使用要求：水平管变径用偏心大小头，热水管顶平，以利于空气排出；蒸汽管底平，以利于排凝结水。

（3）穿墙的管道须加套管。

（4）支管的接入，蒸汽主管上部接入，热水下部接入。

（5）热补偿器的预制、安装要符合规范（方形补偿器的预拉伸量）。

（6）支架的规格尺寸、安装的位置、支架的功能须正确、符合规范。

（7）两个补偿器之间必须安装一个固定支架。

二、制冷管道的安装

（一）制冷管道安装的一般要求

制冷管道安装的一般要求如下：
（1）严密性。
（2）洁净性。
（3）管材及其管件选用一定要考虑介质的物理、化学性质。

（二）制冷管道安装的注意事项

（1）如是空压制冷系统，水平管道坡口顺向蒸发器。
（2）正常情况下，水平管道平直，不得出现"气囊"和"液囊"现象。
（3）管道用耐低温优质碳钢管或锰合金钢管。
（4）煨制弯管的半径大，应尽量采取冷煨。若装沙子热煨，煨完后要检查管内沙子是否放干净。
（5）管道保冷绝热防护层做好。
（6）金属支架与管道之间要隔热。

三、易燃易爆介质管道的安装

易燃易爆介质管道的安装要求如下：
（1）主管道敷设不要通过居民区、办公区、高温区、易腐蚀区等，穿越道路时加套管。
（2）安装良好的接地装置，法兰或螺栓连接处两边要加跨接线。
（3）管道终点加阀门及法兰盲板，利于今后连接时便于控制不动火。
（4）煤气管道要设计防爆阀。
（5）易燃气体密封好，不得泄漏或扩散。
（6）阀门只能装在水平管。
（7）乙炔管道不得与铜、银、锌金属接触，避免发生反应生成易爆的金属碳化物。
（8）管道敷设应远离电缆、热源。
（9）应采用热膨胀补偿措施。

四、强氧化性介质管道的安装

强氧化性介质管道的安装要求如下：
（1）良好的接地装置，法兰或螺栓连接处两边要加跨接线。
（2）管道、管件、阀门等设备必须进行严格的除尘、脱脂处理。
（3）专用阀门的密封盘根采用石墨、石棉或聚四氟乙烯。

（4）切断阀后的直管段长度不小于 1.5 m。

（5）氧气一般以低温液态形式输送，材质选择铜管、不锈钢或钼合金管材，做好管道的保冷层。

（6）管道试压、预吹扫必须采用不含油脂的压缩空气或氮气，投产前还要用氧气吹扫。

五、铜管安装

铜管安装的技术要求如下：

（1）安装前核查管材的牌号及材质的合格证书，进行外观检查。

（2）运输搬运小心轻放，防止碰伤。

（3）调正时，在平台上铺放垫板，用木榾或方木轻轻拍打，逐段调直。

（4）用钢锯、砂轮锯、管子割刀切割，不得采用氧-乙炔火焰切割。

（5）铜及铜合金煨弯时尽量采用冷弯。

（6）根据焊接工艺要求，可采用钎焊、手工钨极氩弧焊、手工电弧焊、氧-乙炔焊接。

（7）为保证焊接质量，焊接时应注意以下事项：

① 焊接区域的氧化物要处理干净，管端打毛。

② 对接焊时加工坡口，组对间隙为 2~3 mm。

③ 采用搭接形式的钎焊，搭接长度适当留长。

④ 铜的导电和导热性强，施焊时常采用预热、大电流和高速度施焊。

⑤ 采用直流电源反极性接法。

⑥ 焊接后趁焊件在热态下，用小平锤敲打焊缝，消除热应力，使金属组织致密，改善机械性能。

六、核电站 VVP/ARE 系统管道的安装

核电站 VVP/ARE 系统管道的预制与安装注意事项如下：

（1）核查材料规格、型号、材质等相关信息与设计图纸相吻合。

（2）到施工现场实测放线，与图纸相符再下料。

（3）考虑焊接收缩变形、下料、加工坡口等因素，下料要留长度余量，一般一道焊口裕量 3~4 mm，即 2 根管段组对时，材料总长比实际尺寸长 3~4 mm。

（4）在车间预制时，尽可能减少误差。比如，使用高精度测量工具，安排技能水平高、工作责任心强的施工人员操作。

（5）预制的管道架空组对、焊接时在地上放地样，便于随时核查焊接过程中的变形。

（6）在现场安装时，依据管道平面布置图和管道等轴图，参考房间内的坐标板、及标高基准点进行放线定位，以此确定管道支吊架、管线的具体位置及走向。

（7）通盘考虑现场焊口的组对焊接顺序、支架（含二级支架）的定位焊接变形，控制安装误差。

第四节　核电管道在线部件的安装

在线部件安装一般是指流量孔板、泵前过滤器、阀芯、膨胀节、金属软管、流量计、压力变送器等部件的配装过程。这些部件在管道系统中主要起控制、调节、监测和保障运行安全的作用。部件的安装应遵循各自安装手册的要求。

一、膨胀节的安装

膨胀节的安装注意事项如下：
（1）管法兰和膨胀节的表面必须是干燥的，没有铁锈、灰尘、油脂或其他污染物等，法兰必须平整，没有影响密封性能的非正常变形（如碰撞、深划痕等）。
（2）膨胀节不能用于凸面法兰或有环状凸缘的法兰。
（3）膨胀节绝对不能扭曲，检查配对法兰相应螺栓孔对中偏差（最大公差为3 mm）。
（4）对于质量较轻的部件，可以用手搬运。
（5）用尼龙吊装带吊装膨胀节。如果选用绳索或金属导索吊装膨胀节，就必须选用柔性物品来保护膨胀节的端部，把吊索穿过膨胀节内部，而橡胶法兰孔不能用来进行吊装。

二、泵前临时过滤器的安装

泵前临时过滤器的安装顺序：检查先决条件→检查法兰平行度→在法兰套管里装配过滤器→就位法兰套管过滤器组件→装配密封垫和紧固件（间隔120°）→密封垫对中和法兰找正→装配其他紧固件并逐次拧紧→检查密封垫均匀压缩→接头最终拧紧→法兰平行度的最终检查→螺母锁定（如需要）→报告。

三、差压式孔板流量计的安装

（一）安装顺序

孔板流量计的安装顺序如下：检查先决条件→检查法兰平行度和同心度→安装正式孔板和两个密封垫→孔板和密封垫的对中→安装其他装配螺栓→逐步拧紧装配螺栓→检查密封垫压缩情况→最终拧紧装配螺栓→法兰平行度的最终检查→螺母锁定

（如需要）→报告。

（二）安装注意事项

孔板流量计的安装注意事项如下（见图6-14）：

（1）节流装置一般安装在水平管道上，其前后的直管段长度要满足设计要求，应保证在孔板前（上游）至少有10D、在孔板后（下游）至少有5D的直管段，并尽可能更长。设计直管段的目的是满足测量精度要求。

（2）孔板的安装方向必须正确，其凸缘上刻有"+"号的为流入端，刻有"-"号的为流出端。当孔板没有标记时，其孔洞尖锐一侧（小口）为流入端，而其呈喇叭口（大口）一侧为流出端。

（3）孔板法兰取压管的朝向应遵循：当孔板安装在水平管道上时，气体介质管道在管子上方或侧面引出；液体介质管道在侧面或下方引出。

（4）节流装置的孔中心与管道中心在同一轴线上。

（5）管道冲洗前将孔板拆卸，用模拟件临时替代，待试压结束后再复原。

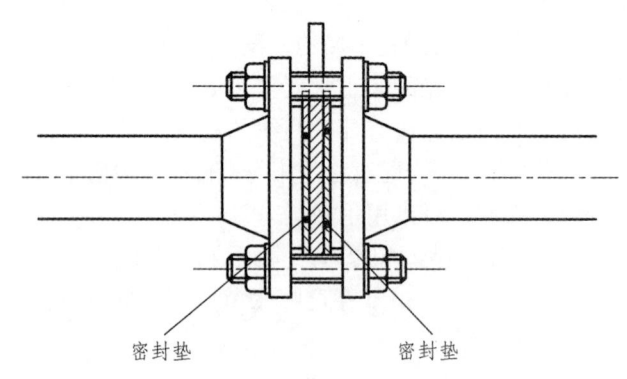

图6-14 孔板流量计的安装示意图

（三）孔板装配步骤

（1）安装两个装配螺栓。
（2）插入孔板，在孔板两侧各装一个密封垫。
（3）装配第三个装配螺栓，如果可能使三个螺栓成120°。
（4）检查孔板与管道的同心度。
（5）装配其他螺栓。
（6）紧固螺栓。

四、金属软管的安装

（一）金属软管的结构

金属软管主要由波纹管、钢丝网套、接头三部分组成，见图6-15。波纹管是金属

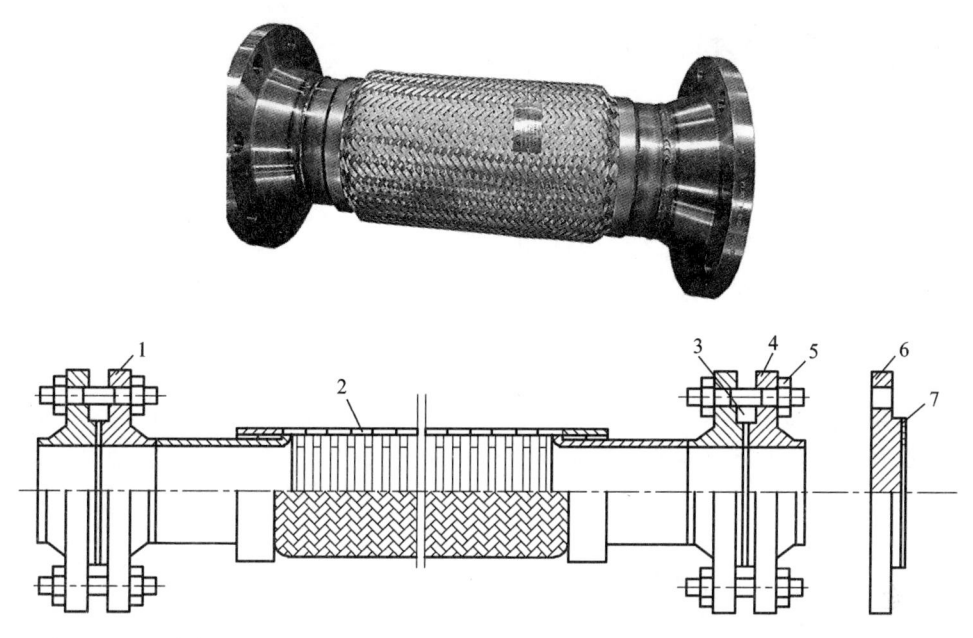

1，4—ASME 法兰 150Lb RF（材料：A105）；2—波纹管（材料：321）+钢丝网套（材料：304）；
3，7—密封垫片（材料：石墨）；5—紧固件（材料：碳钢）；
6—ASME 盲板法兰 DN40 150Lb RF（材料：A105）。

图 6-15 金属软管的结构

软管的主体，起密封、可挠曲的作用；钢丝网套起承压和保护的作用；接头起连接的作用。通过这三部分的不同组合，就形成了各种类型的金属软管，在管路系统中发挥着各自的作用。

（二）金属软管的安装步骤

（1）试装（不得强行安装）。
（2）先焊一端配对法兰。
（3）配装软管（弯曲自然、弯曲半径不小于软管最小弯曲半径）。
（4）修配管道（合适的安装距离）。
（5）再焊另一端配对法兰（不得扭曲）。
（6）检查是否符合要求。

（三）金属软管的安装原则

金属软管在安装使用时，必须符合三个原则：
（1）金属软管在使用时不允许拉伸或压缩。
（2）金属软管不能扭曲安装，且位移必须在软管轴线平面内。
（3）金属软管弯曲半径不得小于最小弯曲半径，且过渡自然。

五、涡轮流量计的安装

在管道上安装涡轮流量计设备时,需注意以下事项:
(1)流量计上游是否清洁。
(2)法兰和接口是否一致。
(3)法兰的紧固是否对上下游的管线产生过多的影响。
(4)电气连接位置是否妥当。
(5)涡轮流量计既可水平安装(见图6-16)也可垂直安装(流体自下而上流动)。其上游需有10倍管径的直管段并安装整流器;下游建议最好留有5倍管径的直管段。为保护流量计及确保计量的长期稳定性,应在整流段前加装过滤器。为防止气体注入,建议在过滤器的下游安装消气器或吹除设备。

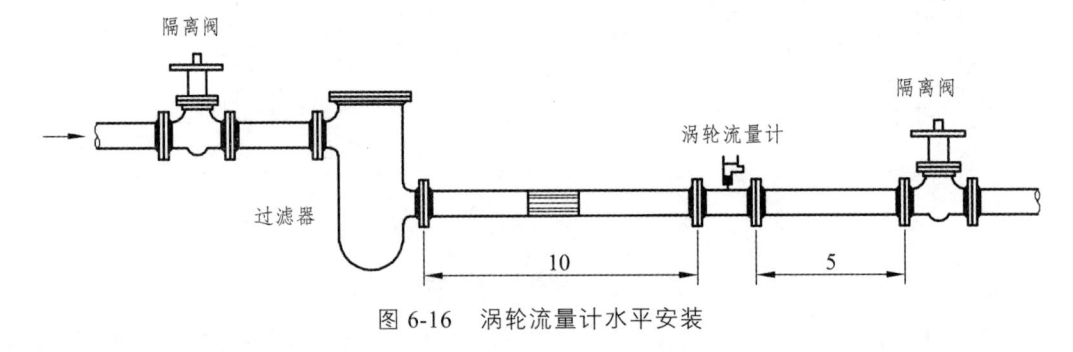

图 6-16 涡轮流量计水平安装

六、温度测量仪表的安装

温度测量仪表的种类很多,下面以内标式温度计为例说明安装注意事项:
(1)安装前应检查其型号、规格是否符合设计要求,测温上、下限是否在被测介质的温度范围内,仪器完好无损坏。
(2)公称直径小于 50 时,应按照技术要求安装扩大管。
(3)温度管嘴安装在水平、垂直方向、弯头上均可。
(4)温度管嘴与管道的安装角度有 90°和 45°。若安装 45° 倾斜角时,应与管内介质的流动方向逆向接触。

思考与练习

1. 管道安装工程施工准备工作有哪些?
2. 管道安装时的定位依据是什么?
3. 管道法兰栓接的技术要求有哪些?
4. 采取哪些措施可以防止蒸汽管道出现"水锤"现象?
5. 差压式孔板流量计的安装有哪些技术要求?

第七章

阀门安装技术

- 第一节 阀门的基础知识……………………148
- 第二节 阀门的结构……………………………150
- 第三节 阀门的主要零件及材料……………156
- 第四节 阀门的性能……………………………163
- 第五节 常用阀门介绍…………………………165
- 第六节 核电阀门的特点与要求……………174
- 第七节 阀门的试压、安装、维修与操作……178
- 思考与练习……………………………………182

阀门安装

阀门是通过改变内部流通截面积达到控制管路内介质流动的管路附件。它是流体管路中的控制装置，可以接通或阻断管路中的介质，改变介质的流动方向，调节介质的温度、压力和流量等参数，保护管路设备的正常运行。阀门作为一种通用的控制元件，广泛应用于各行各业，因使用的场合不同，具体要求也不同，本章主要介绍普通工业管道用阀门。

第一节 阀门的基础知识

一、阀门的发展史

阀门诞生的历史很久远，其出现和发展与人类的生产、生活密切相关。远古时期，人们为了调节河流或小溪的水流量，采用大石块或树干来阻止水的流动或改变水的流动方向。公元两千年前，中国人就已经在输水用的竹管上使用了木塞阀，后来又在灌溉渠道上使用了水闸；在风箱上使用板式止回阀控制向炉膛内输送空气；在井盐开采方面使用竹管和板式止回阀提取盐水。

随着冶炼技术和水力机械的发展，在欧洲出现了铜制和铝制旋塞阀，使阀门进入了金属制造阶段。

1776年瓦特发明了第一台实用蒸汽机，蒸汽机上就大量采用了旋塞阀、安全阀、止回阀和蝶阀，使阀门正式进入了机械工业领域。18世纪到19世纪，蒸汽机在采矿业、冶炼、纺织、机械制造等行业得到迅速推广，因此对阀门的需求日益增加，于是出现了滑阀。之后又相继出现了带螺纹阀杆的截止阀和带梯形螺纹阀杆的楔式闸阀，这是阀门发展史中的一次重大突破，这两类阀门的出现不仅满足了当时各个行业对阀门压力及温度不断提高的要求，而且还初步满足了对流量调节的要求。此后，随着电力、石油、化工、造船行业的兴起，各种高/中压的阀门得到了迅速发展。

第二次世界大战后，由于各种特殊材料，包括聚合材料、润滑材料、不锈钢和钴基硬质合金的发展，古老的旋塞阀和蝶阀获得了新的应用，根据旋塞阀演变的球阀和隔膜阀得到迅速发展。截止阀、闸阀和其他阀门品种增加，质量提高，使得阀门制造业逐渐成为机械工业的一个重要产业。

二、阀门的分类

因阀门在各个行业中的用途广泛和种类繁多，所以阀门的分类方法也是多种多样的。本课程主要介绍普通工业管道用的阀门。

（一）以阀瓣的动作方式分类

阀瓣开启关闭时必须有足够的动力来使阀瓣动作，这个动力可以是外界驱动的，也可以由管路中介质本身的能量或流动方向而使其动作，根据动力来源的不同，可以将阀门区分为两大类：自动阀类和驱动阀类。

（1）自动阀类：依靠介质（气体、液体）本身的能量或流动方向而自行动作的阀门，或者说不借助任何外力而利用介质本身的力而自行执行开启、关闭动作的阀门。例如：安全阀、减压阀、泄压阀、止回阀、断流阀、疏水阀等。

（2）驱动阀类：借助手动、电动、液动、气动等外界驱动而操纵动作的阀门。例如：截止阀、闸阀、蝶阀、旋塞阀、球阀等。

（二）按通用分类法分类

这种分类方法既按原理、作用又按结构来划分，是目前国内外最常用的分类方法。例如：闸阀、截止阀、旋塞阀、球阀、蝶阀、隔膜阀、止回阀、节流阀、安全阀、减压阀、疏水阀、调节阀。

（三）按用途分类

如按用途分类，阀门可分为以下几类：

（1）截断阀类：用来接通或阻断管路介质的流动。

（2）止回阀类：用来防止介质倒流。

（3）调节阀类：用来调节介质的压力和流量。

（4）分流阀类：用来分配、分离或混合介质，如三通旋塞阀、分配阀、滑阀。

（5）安全阀类：在介质压力超过规定值时，用来向外界排放介质，保证管路系统及设备安全，如安全阀、事故阀。

（6）其他特殊用途：如疏水阀、放空阀、排污阀。

（四）按结构特征和主要参数分类

此种分类方法较复杂，又可细分出很多种类。

（1）按结构特征，根据启闭件相对于阀座移动的方向分类，如截止型、闸门型、旋塞和球型、旋启型、蝶型、滑阀型。

（2）按驱动方式分类，如手动、电动、液动、气动。

（3）按阀门的公称压力分类，如真空阀、低压阀、中压阀、高压阀、超高压阀。

（4）按阀门工作时的温度分类，如超低温阀门、低温阀门、普通阀门、高温阀门、耐热阀门。

（5）按阀体材料分类，如非金属材料阀门、金属材料阀门、金属阀体衬里阀门。

（6）按阀门的公称直径分类，如小口径、中口径、大口径、特大口径阀门。

第二节 阀门的结构

尽管阀门的结构形式千差万别,但所有阀门都包含相同的基本结构单元,即驱动和执行两大单元。驱动单元由驱动装置、传动部件、阀杆等构成,其作用是输入和传递启闭阀门所需的力或力矩;执行单元由阀体、阀盖和启闭件(阀瓣)等构成,其作用是完成阀门的开启、关闭或调节。

一、阀体和阀盖

阀体和阀盖(见图7-1)是阀门的主要承压部件,阀体和阀盖连接在一起,其内部构成一个空间,容纳阀杆、启闭件等,并形成介质的流动通道。阀体和阀盖通常采用法兰或螺纹连接;另一种连接方式是无法兰连接,采用焊接,这在石油化工行业用得较多,但在核电厂中这种连接运用得很少。

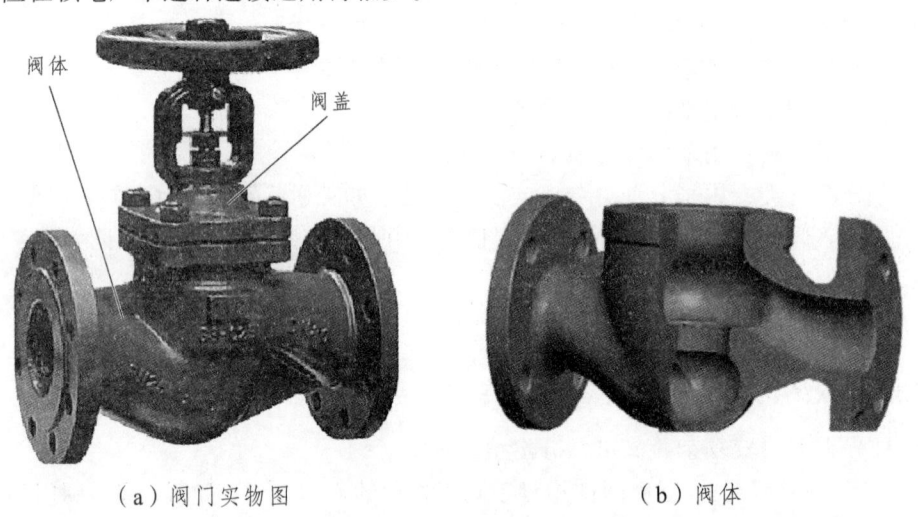

(a)阀门实物图　　　　(b)阀体

图7-1　阀门的阀体和阀盖

阀体和阀盖因阀门类型不同,其结构形式和外形也不同,但其作用不发生改变:① 是主要承压部件;② 阀体和阀盖连接在一起,其内部构成一个空间,容纳阀杆、启闭件等,并形成介质的流动通道。

二、启闭件与阀座密封结构

启闭件也称阀瓣、阀芯,和阀座一样都是阀门的关键零件,是控制介质流量的零件。

阀门不同，阀瓣的外形结构也不同，但作用是相同的。阀瓣与阀座相配合，实现了阀门的控制功能。

阀门对流动介质的控制功能是通过改变启闭件和阀座的相对位置从而改变流道截面积来实现的。当启闭件与阀座紧密接触时，阀门处于关闭状态，阻断介质流动；当启闭件离开阀座时，阀门处于开启状态，接通流道中的介质；当启闭件处于中间某位置时，阀门处于调节状态。

（一）启闭件的结构形式

各类阀门的启闭件结构形式不同，其运动方式也不同。启闭件主要有截止型、闸门型、旋塞型、旋启型和蝶型等几种形式，其结构如图 7-2 所示。

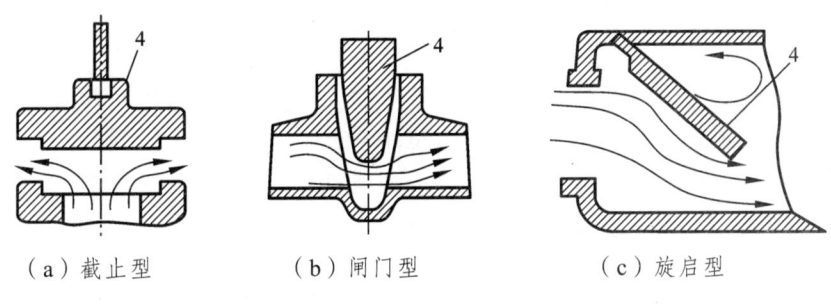

（a）截止型　　　（b）闸门型　　　（c）旋启型

图 7-2　启闭件的结构

（二）阀门密封面形式

阀门处于关闭状态时，启闭件与阀座紧密接触的两个平面称为密封面。阀门是依靠阀座与启闭件密封面的紧密接触或密封面受压产生一定量的塑性变形而达到密封目的的。

密封面上用于密封的结构称为密封圈；阀体密封圈固定连接在阀体上，形成阀座；启闭件密封面与阀体密封面构成一对密封副。

注意：阀体密封圈可以是两部分零件，如密封圈是在阀座上镶嵌的或堆焊的，也可以是一体的，如一般的截止阀、闸阀、止回阀就是在阀体上直接加工的。

根据密封面的形状，阀门的密封结构形式主要有四种：平面密封、锥面密封、球面密封（包括半球面密封）、刀形密封，如图 7-3 所示。

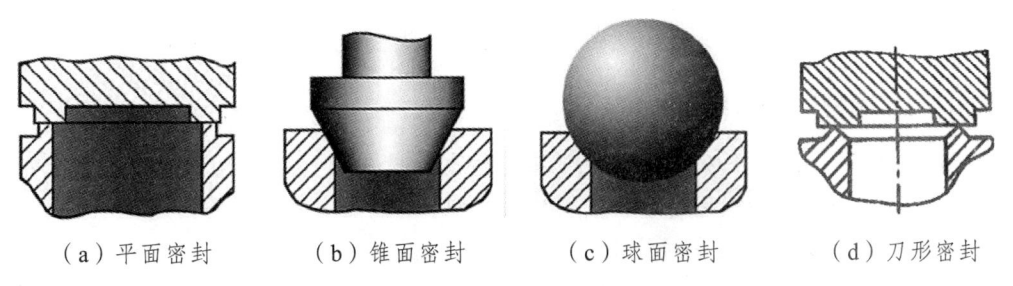

（a）平面密封　　（b）锥面密封　　（c）球面密封　　（d）刀形密封

图 7-3　阀门的密封结构

三、阀杆与阀杆密封结构

（一）阀杆

阀杆是圆形截面的细长杆（见图 7-4），上端接驱动装置，下端连接启闭件，其作用是将驱动装置输入的力或力矩传递给启闭件（阀瓣），使其按要求动作。

阀体和阀盖是阀门的承压部件，阀杆是主要受力部件，在启闭过程中承受压缩和扭转作用。对于截止阀，其阀杆主要受压缩作用；对于旋塞阀、蝶阀和球阀，其阀杆主要受扭转作用。

图 7-4 阀杆

阀杆上的传动螺纹一般采用公制 T 型螺纹，有时也采用公制普通螺纹或细牙螺纹。阀杆分为上螺纹阀杆（明杆式）和下螺纹阀杆（暗杆式），如图 7-5 所示。上螺纹阀杆的螺纹位于阀杆上部，在阀体外面，不受介质腐蚀；下螺纹阀杆的螺纹位于阀杆的下部，在阀体内部，与介质接触可能受其侵蚀。

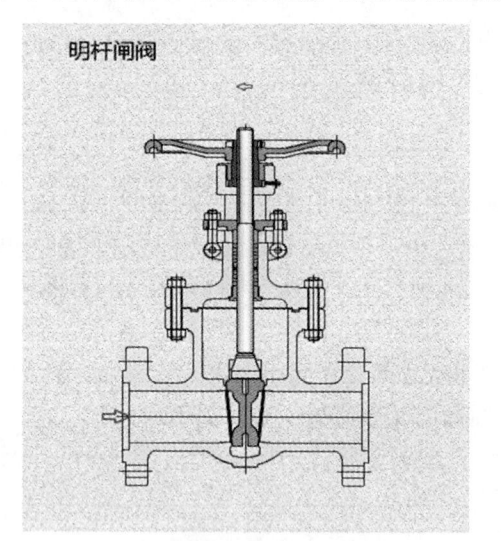

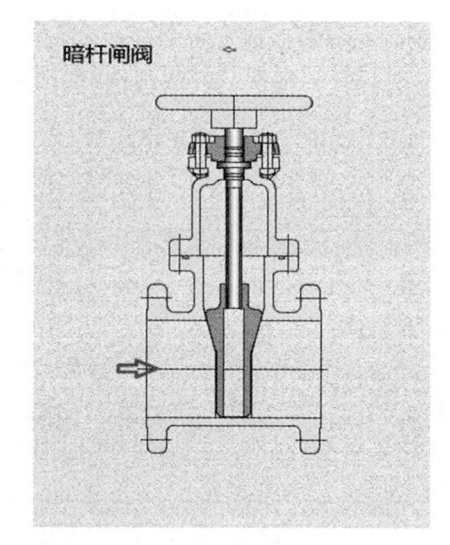

图 7-5 阀杆螺纹类

（二）阀杆的密封结构

通过阀盖与阀杆之间间隙的介质泄漏为外漏（见图 7-6）。外漏严重时会影响管路和设备的正常运行，特别是对于有放射性的介质，泄漏会引起放射性污染，对人身安全造成威胁，因此必须设置密封防止介质外漏。

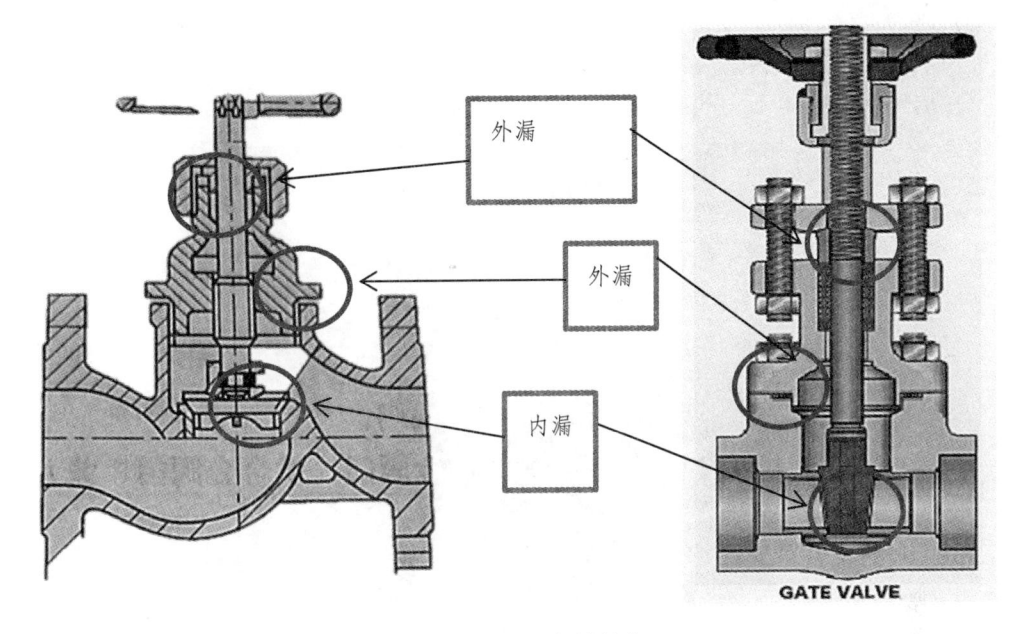

图 7-6　阀杆的密封结构

最常用的阀杆密封结构是填料函密封,见图 7-7。在阀盖填料函内填充具有一定弹性的密封填料,用填料压盖压紧,使填料与阀杆外表面和填料函内侧紧密接触,并形成一定的密封比压,这样即使在阀内较高介质压力的作用下,也不会在阀盖与阀杆配合处产生间隙,从而防止介质外漏。

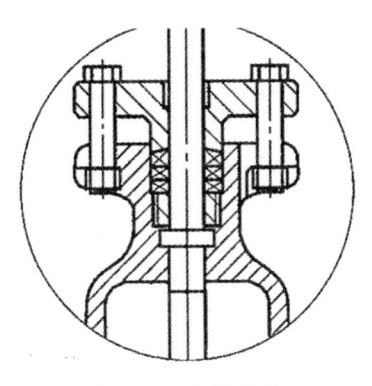

图 7-7　密封结构

填料压紧力沿轴向分布不均匀,轴在靠近压盖处磨损最快。压力低时,轴转速可高;反之,转速要低。

四、阀门驱动装置

阀门驱动装置是与阀门的阀杆相连接并用来操作阀门的一种装置,使阀门的操作省力、方便、迅速、可靠,便于实现自动化控制和遥控。常用的有以下几种。

（一）手动装置

在启闭所需力矩不大的阀门上都采用手动装置，手动阀门如图 7-8 所示。

图 7-8　手动阀门

1. 手轮或手柄

手轮或手柄直接固定在阀杆或阀杆螺母上，手轮直径的大小根据有关标准规定或根据阀门启闭所需的力矩确定，加在手轮或手柄上的启闭力不能超过 360N。远距离操作的手动装置通过采用万向联轴节来实现。即使自动操作的阀门，安装手动装置以备用是非常重要的（安全措施）。例如，日本福岛核电站的隔离冷却系统上的阀门没有手动装置，电池用完，阀门关闭，导致系统不能持续工作；其排气系统也没有手动阀门，断电打不开，导致氢气爆炸事故的发生。

2. 齿轮和蜗杆

驱动装置在阀门的操作力超过 360N 的情况下，往往采用直齿圆柱齿轮、圆锥齿轮和蜗杆驱动装置，以减小启闭时所需的力。

（二）电动装置

电动装置是指通过电气（电动机等）来操纵的驱动装置，采用电动装置驱动的阀门就是电动阀门，如图 7-9 所示，其优点如下：

（1）可以大大减少启闭阀门的时间。
（2）可以大大减轻人力的消耗。
（3）阀门可以安装在不能手动操作的、难以接近的或距离很远的任何高度的场合。
（4）有利于整个装置的自动化操作，并可减少运行人员。

图 7-9　电动阀门

(5)一般都带有过载保护装置,可以保证阀门的正常运行。

电力驱动系统一般由专用电动机、减速器、转矩限制机构、行程控制机构、手-电切换、开度指示器和控制箱组成。

(三)气动装置

气动装置是指利用活塞、气缸以压缩空气为动力来操作阀门。其优点是安全、可靠、成本低、使用维修方便,常用于易燃、易爆的工作环境。

气动装置按结构特点可分为四类,即薄膜式气动装置、气缸式气动装置、摆动式气动装置、气动马达式气动装置。气动薄膜调节阀如图 7-10 所示。

(四)液压传动装置

液压传动装置采用齿轮泵、叶片泵、柱塞泵等驱动压力设备,提供中/高压液压油来产生动力去驱动阀门。该液压传动装置由动力机构、控制机构和执行机构三大部分构成。液压式阀门如图 7-11 所示。

图 7-10　气动薄膜调节阀　　　　图 7-11　液压式阀门

液压传动装置的优点是:可以获得很大的输出转矩,在突发事故中,动力中断时仍可利用蓄能器进行一次或数次动力操作。其缺点是:油温受环境温度影响较大,油温变化引起液压油黏度变化,影响操作;配管易产生渗漏;不适合用于对信号进行各种运算(如信号放大、记忆、逻辑判断等)的场合。

五、阀体与管道的连接

阀门与管路或设备之间的连接方式的选择是否正确合适,会直接影响管道阀门产生跑、冒、滴、漏现象的概率。

(一)阀体与管道连接的技术要求

阀体与管道的连接应满足以下要求:
(1)在内压以及管道相邻部分的力和力矩作用下的强度要求。
(2)在整个运行期间的密封要求。
(3)阀门可拆卸,以利于检修及更换。

(二)阀门与管道的连接方式

阀门与管道的连接方式有以下几种:法兰连接、螺纹连接、焊接、夹箍连接、卡套连接、卡箍连接。在这些连接中,法兰连接与焊接因其连接强度高、密封性好,是阀门与管道最主要的两种连接方式。其他形式的连接主要用于小口径、低温低压的管线连接。

1. 焊接连接

焊接连接是阀体与管道最重要的连接之一,其缺点是当拆卸或更换阀门时,必须切割阀门,费工又费时。为了采用焊接连接,需要在阀体上有供焊缝使用的相应尺寸和形状的管接头。在进行对接焊时,为防止金属熔化影响光滑的流道,需要在对接焊缝时采用一个衬环。

2. 法兰连接

在要求快速更换已损坏阀门的场合,可采用法兰连接。法兰连接常用于安全阀、调节阀、液位调节器、垂直式止回阀等场合。

第三节　阀门的主要零件及材料

一、阀门材料的选择要求

我们在介绍阀门的起源与发展史时提过,最早的阀门是竹木制的,随着现代工业的发展,也促进了阀门技术的研究和发展,其基础是材料科学和结构学的发展。近年来,随着合成材料及新兴金属材料的利用和发展,越来越多的制造材料被研究开发出来,使阀门零件的制造材料有了更多选择,促进了阀门技术的快速发展。

目前,制造阀门零件的材料主要有各种有色金属及其合金,虽然有许多制造材料可以满足阀门在不同工况下的使用要求,但正确、合理选择阀门零件的制造材料,可以使阀门获得最经济的使用寿命和最佳的性能。鉴于阀体、阀盖的重要程度,国家用法律法规对其制造标准进行了约束和规范。

正确选择阀门、维护阀门是对工程技术人员业务能力的考验,反映了工程技术人员对基础知识和专业知识的掌握情况。选用阀门时应充分考虑其主要零部件的制造材料对使用工况的影响，考虑因素主要有以下几个方面：

（1）工作介质的压力、温度和化学特性。
（2）该零件在阀门启闭、不同调节状态下的受力情况以及在阀门结构中所起的作用。
（3）材料的工艺性能较好（易于加工）
（4）在满足以上条件的情况下，成本应尽量低。

二、阀体、阀盖和启闭件的制造材料

阀体、阀盖和启闭件（阀瓣）是阀门的主要承压部件。承压部件就是承受压力的部件，一旦它们失效，其所包含的介质就会释放到大气中。因此，承压部件的制造材料必须能在规定的介质温度、压力作用下达到相应的力学性能、耐腐蚀性能和良好的冷热加工工艺性能；另外，所用的材料还要符合 GB T1048—2005 中"阀门的压力与温度等级"的规定。

阀门在工作时的温度、压力不同，其零部件采用的材料也不同，具体选用必须按照阀门压力与温度规范的规定。下面具体介绍这些材料：

（1）灰铸铁：适合公称压力 PN≤1.0 MPa、温度为-10～200 °C 的水、蒸汽、空气、煤气及油品等介质，常用牌号有：HT200、HT250、HT300、HT350。

（2）可锻铸铁：适合公称压力 PN≤2.5 MPa、温度为-30～300 °C 的水、蒸汽、空气及油介质，常用牌号有：KTH300-06、KTH330-08、KTH350-10。

（3）球墨铸铁：适合 PN≤4.0 MPa、温度为-30～350 °C 的水、蒸汽、空气及油品等介质。

（4）耐酸高硅球墨铸铁：适合公称压力 PN≤0.25 MPa、温度低于 120 °C 的腐蚀性介质。

（5）碳素钢：适合公称压力 PN≤32.0MPa、温度为-30～425 °C 的水、蒸汽、空气、氢、氨、氮及石油制品等介质，常用牌号有：WC1、WCB、ZG25 及优质钢 20、25、30 及低合金结构钢 16Mn。

（6）铜合金：适合 PN≤2.5 MPa 的水、海水、氧气、空气、油品等介质，以及温度-40～250 °C 的蒸汽介质，常用牌号为：ZCuSn10Zn2（锡青铜），H62、Hpb59-1（黄铜）、QAZ19-2、QA19-4（铝青铜）。

（7）高温钢：适合公称压力 PN≤17.0MPa、温度≤570 °C 的蒸汽及石油产品，常用牌号有：ZGCr5Mo、1Cr5M0、ZG20CrMoV、ZG15Gr1Mo1V、12CrMoV、WC6、WC9 等牌号。

（8）低温钢：适合公称压力 PN≤6.4MPa、温度≥-196 °C 的乙烯、丙烯、液态天然气、液氮等介质，常用牌号有：ZG1Cr18Ni9、0Cr18Ni9、1Cr18Ni9Ti、ZG0Cr18Ni9。

（9）不锈耐酸钢：适合公称压力 PN≤6.4Mpa、温度≤200 °C 的硝酸、醋酸等介质，常用牌号有：ZG0Cr18Ni9Ti，ZG0Cr18Ni10（耐硝酸），ZG0Cr18Ni12Mo2Ti，ZG1Cr18Ni12Mo2Ti（耐酸和尿素）。

上述九类材料中，铸铁材料占了四类，如灰铸铁、可锻铸铁、球墨铸铁、耐酸高硅球墨铸铁。选择铸铁是因为它有良好的工艺性能，而大多数阀体、阀盖、阀瓣的形状比较复杂，因此采用铸件较多，另外铸铁的铸造性好、熔点低（1200～1300 °C 之间，纯铁 1534C°）、流动性好、凝固收缩小、价格低廉。在满足介质工况的条件下，铸铁是首选材料。

三、阀门密封面材料

密封面是阀门最关键的工作面，密封面质量的好坏直接关系到阀门的使用寿命。

选择阀门密封面材料时要考虑的因素有：耐腐蚀、耐擦伤、耐冲蚀、抗氧化、有一定硬度、膨胀量等。

（一）密封面材料的种类

密封面材料通常分为两个大类：

（1）软质材料：橡胶（包括丁腈橡胶、氟橡胶等）、塑料（包括聚四氟乙烯、尼龙等）和皮革。这些材料具有较好的耐油、耐腐蚀性，一般用于中、低压阀门。

（2）硬质材料：

① 铜合金：耐磨性好，用于低压阀门。

② 铬不锈钢：其耐腐蚀性好，用于普通中高压阀门。

③ 司太立合金：用于高温、高压阀门。

④ 镍基合金：用于腐蚀性介质。

（二）密封面软、硬质材料的使用

1. 软密封面

软质材料可以单独使用在密封面中，如在阀座上镶嵌非金属材料，也可以两密封面均使用软质材料，如塑料和橡胶。由于软质材料容易变形，能填补密封面表面的凹凸不平处，故软质材料能实现极高程度的密封，并能重复使用。其缺点是：容易老化、磨损，使用寿命短，不宜在高温、高压下使用。

2. 硬密封面

硬密封面一般由金属制成，故也称金属密封面。硬密封面易受介质中的固态颗粒影响其密封性能，难以实现零密封；但能承受高温、高压下介质的冲刷，使用寿命长。

四、阀杆及其螺母材料

（一）阀杆的工作状态和对材料的要求

阀杆在阀门开启和关闭过程中，传递驱动装置输入的力矩，承受拉、压和扭转作用。它不但是运动件、受力件，而且是密封件，因此阀杆材料在规定温度下必须保证有足够的强度和良好的冲击韧性；阀杆与介质直接接触受其腐蚀，同时与填料之间还有相对的摩擦，所以阀杆材料需具备一定的耐腐蚀性和抗擦伤性；阀杆是易损件，在满足以上要求的同时还应有良好的工艺性能，如机械加工性能和热处理性能。

（二）阀杆常用制造材料

1. 碳素钢

A5 普通碳素钢一般用于低压和介质温度不超过 300 °C 的水、水蒸气介质。35 优质碳素钢一般用于中压和介质温度不超过 450 °C 的水、水蒸气介质。

2. 合金钢

40Cr（铬钢）一般用于中压和高压、介质温度不超过 450 °C 的水、水蒸气、石油等介质。38CrMoALA 渗氮钢可用于高压、介质温度不超过 540 °C 的水、水蒸气等介质。25Cr2MoVA 铬钼钒钢一般用于高压、介质温度不超过 570 °C 的水蒸气介质。

3. 不锈耐酸钢

1Cr13、2Cr13、3Cr13 铬不锈钢可用于中压和高压、介质温度不超过 450 °C 的非腐蚀性介质与弱腐蚀性介质。Cr17Ni2、1Cr18Ni9Ti、Cr18Ni12Mo2Ti、Cr18Ni12Mo3Ti 等不锈耐酸钢和 PH15-7Mo 沉淀硬化钢可用于腐蚀性介质。

4. 耐热钢

4Cr10Si2Mo 马氏体型耐热钢和 4Cr14Ni14W2Mo 奥氏体型耐热钢可用于介质温度不超过 600 °C 的高温阀门。

（三）阀杆螺母材料

阀杆螺母在阀门开启和关闭过程中，直接承受阀杆轴向力，因而必须具备一定的强度；同时它与阀杆是螺纹传动，要求摩擦系数小，并避免生锈和咬死现象的发生。

常用的阀杆螺母材料有以下几种：

1. 铜合金

铜合金的摩擦系数较小，不易生锈，是目前普遍采用的材料之一。对于 PN<1.6 MPa 的低压阀门，可采用 ZHMn58-2-2 铸黄铜；对于 PN 为 16~64 MPa 的中压阀门，可采用 QAL9-4 无锡青铜；对于高压阀门，可采用 ZHAL66-6-3-2 铸黄铜。

2. 钢

当工作条件不允许采用铜合金时，可选用 35、40 等优质碳素钢，2Cr13、Cr18Ni9、Cr17Ni2 等耐酸不锈钢。当选用钢制阀杆螺母时，要特别注意避免发生螺纹咬死的现象。

五、紧固件、填料及垫片材料

(一) 紧固件材料

紧固件是指阀盖与阀体、阀体与阀体之间的连接螺栓,主要包括双头螺栓和螺母(见图 7-12),它直接承受压力,对防止介质外流起着非常重要的作用,因而选用的材料要保证在使用温度范围内有足够的强度和冲击韧性,如表 7-1、表 7-2 所示。

图 7-12 紧固件

表 7-1 螺栓材料

名称	公称压力 PN/MPa	介质温度/°C					
		300	350	400	425	450	530
螺栓/双头螺栓	1.6~2.5	A3		35		30CrMoA	—
	4.0~10.0	35				35CrMoA	25CrMoA
	16.0~20.0	30CrMoA		35CrMoA			25Cr2MoVA

表 7-2 螺母材料

名称	公称压力 PN/MPa	介质温度/°C					
		300	350	400	425	450	530
螺栓/双头螺栓	1.6~2.5	A3		30	35		—
	4.0~10.0	30			35		35CrMoA
	16.0~20.0	35				35CrMoA	

阀门紧固件(螺栓)的常用材料有以下几类:

1. 35CrMoA 钢

35CrMoA 钢(A 表示高级)是一种合金结构钢,有很高的静力强度、冲击韧性及较高的疲劳极限,淬透性较高,高温下有较高的蠕变强度与持久强度,长期工作温度可达 500 °C,冷变形时塑性中等,焊接性差。35CrMoA 用作在高负荷下工作的重要结构件,如车辆和发动机的传动件,汽轮发电机的转子、主轴,重载荷车辆的传动轴、大断面零件。35CrMoA 的化学成分主要有碳、硅、锰、硫、磷、铬、镍、铜等。

2. 25Cr2MoV 钢

25Cr2MoV 钢是一种合金结构钢,是制造各种紧固螺栓的钢种。25Cr2MoV 合金结构钢具有良好的综合力学性能及工艺性能,一般在调质后使用。25Cr2MoV 的化学成分主要有碳、硅、锰、硫、磷、铬、钒、钼。

3. A3 钢

A3 钢是优质碳素结构钢。A3 钢和 Q235 是同一种钢,A3 是老牌号,Q235 是新牌号,均属于普通碳素结构钢的 A 类钢,这类钢只保证机械性能,不保证化学成分,但含碳量不高,属低碳钢。

4. 35 钢

35 钢是优质碳素结构钢的一种,其化学成分为:碳(0.32~0.40),硅(0.17~0.37),锰(0.50~0.80),硫($\leq$0.035),磷($\leq$0.035),铬($\leq$0.25),镍($\leq$0.25),铜($\leq$0.25)。35 钢具有良好的塑性和适当的强度,工艺性能较好,焊接性能尚可,大多在正火状态和调质状态下使用。35 钢广泛用于制造各种锻件和热压件、冷拉和顶锻钢材、无缝钢管、机械制造中的零件(如曲轴、转轴、轴销、杠杆、连杆、横梁、套筒、轮圈、垫圈以及螺钉、螺母等)。

(二)填料材料

填料用于充填阀盖填料函的空间,以防止介质经阀杆和阀盖之间的间隙泄漏,如图 7-13 所示。

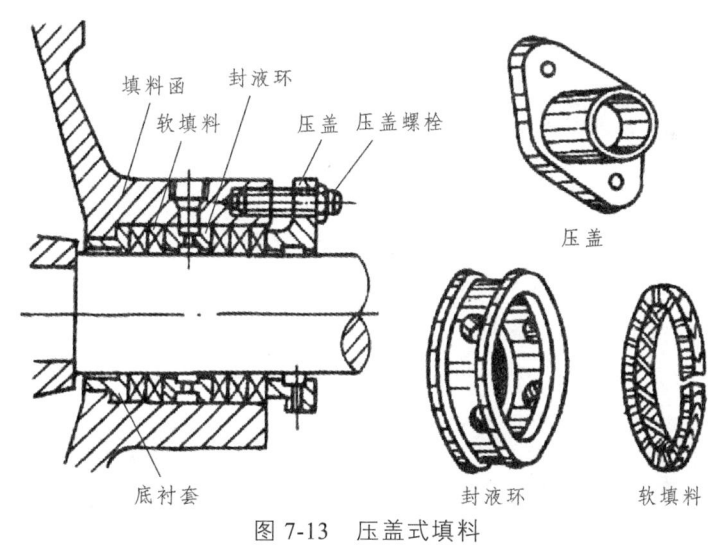

图 7-13 压盖式填料

填料材料应满足以下要求:
(1)耐腐蚀性好,即填料与介质接触时能耐介质的腐蚀。
(2)密封性好,即填料在工作介质的作用下不发生泄漏。
(3)摩擦系数小,能减小阀杆与填料间的摩擦力矩。

1. 填料的种类

填料分为软质和硬质两种。软质填料是由植物性材料,如亚麻、棉、黄麻等制成,或由矿物质材料制成，也有压制成型的材料，同时还有近年来新研制的柔性石墨填料材料，如图 7-14、图 7-15 所示。植物性填料较便宜，可用于 100 ℃ 以下的低压阀门；矿物质填料可用于温度范围 450~500 ℃ 的阀门。

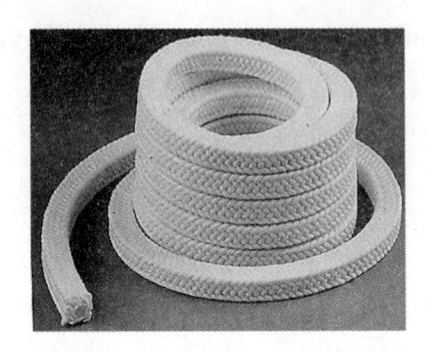

图 7-14　柔性石墨盘根　　　　图 7-15　聚四氟乙烯盘根

使用 O 形圈做填料的结构近年来正在逐步推广，但介质工作温度一般限制在 60 ℃ 以下。

石墨材料质软、有滑腻感，可导电，有良好的润滑性能，化学性质不活泼，耐腐蚀，与酸、碱等不易反应。

2. 填料的选择

填料材料必须根据介质的性质、工作温度和压力来选择。石棉因对人体有很大伤害，现在不再使用，而是大量采用柔性石墨。聚四氟乙烯（见图 7-15）也是使用较广的一种填料，特别适合腐蚀介质，但介质温度不得超过 200 ℃，一般采用压制或棒料车制而成。

（三）垫片材料

垫片是一种夹持在两个独立的连接件之间的材料或多种材料的组合，如图 7-16 所示，其作用是在预定的使用寿命内，保持两个连接件之间的密封。垫片必须能够密封结合面，并对密封介质不渗透和不被腐蚀，能经受温度和压力等的作用。

图 7-16　垫片

1. 垫片的作用

垫片用于填充两个结合面（如阀体和阀盖之间的密面）间所有凹凸不平处，以防止介质结合面间泄漏。在工作时，垫片像弹簧一样，紧紧堵住两结合面的泄漏通道；螺栓像拉簧一样，使上下两个连接件紧紧夹持住垫片。

2. 对垫片材料的要求

垫片材料在介质工作温度范围内要具有足够的强度以及一定的弹性和塑性，可以很好地填满间隙，以保证密封功能。垫片可能会与工作介质直接接触，因此它需要有良好的耐腐蚀性能。

3. 垫片材料的种类和选择

垫片可分为软质和硬质两种。软质垫片一般采用非金属材料，如硬纸板、塑料、橡胶、石墨等。非金属垫片质地柔软，具有一定弹性，更容易填满凹凸不平的间隙，因此密封性能较好，应用广泛。硬质垫片一般采用金属材料或者金属与其他材料缠绕在一起组合使用。金属垫片具有耐高温、耐高压、耐油等优点，并可以加工成形状各异的垫片，可经受苛刻的工况条件，广泛应用于高温高压阀门上。

第四节　阀门的性能

阀门的各项基本性能是反映产品设计水平和加工质量的主要指标，也是对阀门试验、检修情况进行判断的基本依据。以下五个方面就是判断一般工业用阀门质量的依据。

一、强度性能

强度性能是指阀门承受介质压力的能力。

阀门是主要承受内压的机械产品，自身要有一定的强度、刚度，也就是说要足够的结实，以抵抗来自外部的作用力和内部的压力，以保证长期使用而不发生破裂或产生变形。

对核用阀门在运行工况下强度性能的评价，应根据适当的强度理论，按照有关规范中的规定进行试验。

二、密封性能

密封性能是指阀门各密封部位防止介质泄漏的能力，是阀门的主要性能指标。

如图 7-17 所示，阀瓣与阀座之间的泄漏称为内漏，即关不严，它会影响截断介质的能力。对于截断阀类，内漏是不允许的。阀盖与阀体之间、填料与阀杆、填料函之间的泄漏就是外漏，即常说的"跑、冒、滴、漏"，它会影响装置的正常运行，严重时可能会造成事故。

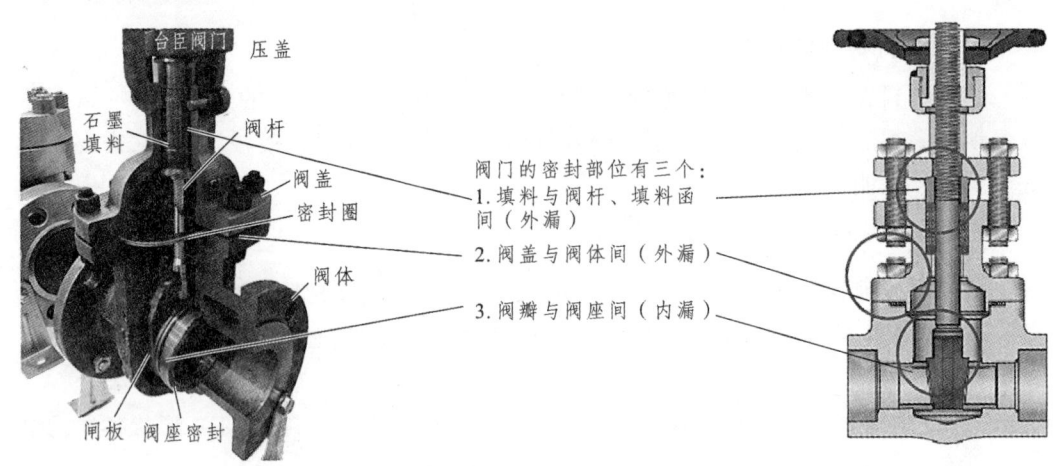

图 7-17 阀门的密封部位

三、流动阻力

介质流过阀门后会产生压力损失，即阀门对介质的流动阻力。介质为克服这个阻力，需要消耗一定的能量。阀门的局部流动阻力用介质流过阀门的压力损失来表示。

四、动作性能

动作性能也叫机械特性，主要包括以下三个方面：启闭力和启闭力矩，启闭速度，动作灵敏度和可靠性。

（一）启闭力和启闭力矩

启闭力和启闭力矩即开启或关闭阀门必须施加的作用力或力矩。

它的作用是克服阀杆与填料之间、启闭件与阀体之间（如闸阀、旋塞阀等）的摩擦力，以及保证密封面形成一定的密封比压等。

注意：在阀门启闭的过程中，启闭力和启闭力矩是变化的，其峰值在启闭瞬间出现，因此要注意阀门的启闭操作方式，避免损伤密封结构，拉断阀杆。

（二）启闭速度

启闭速度是指完成一次开启或关闭阀门所需要的时间。

工程中对阀门的启闭速度一般没有严格的要求，但有些工况对启闭速度有特殊要求，如要求迅速开启或关闭（使用球阀、旋塞阀），以防止发生事故；要求缓慢关闭（应用闸阀），以防止发生水击。

（三）动作灵敏度和可靠性

动作灵敏度和可靠性是指对于介质参数变化做出反应的敏感程度。

对于节流阀、减压阀、调节阀等用来调节介质参数以及安全阀、疏水阀等具有特殊功能的阀门来说，其动作的灵敏度与可靠性是十分重要的性能指标。

五、使用寿命

使用寿命表示阀门的耐用程度，是阀门的重要性能指标，具有很重要的经济意义。

阀门的使用寿命通常以能保证密封要求的启闭次数来表示，也可以用使用时间来表示。

由于核电厂的特殊性，"使用寿命"主要依据核电机组的堆型总体设计而定，一代核电机组通常是 30 年使用寿命，如秦山一期；二代、二代半核电机组通常是 40 年，如岭澳一期、方家山等多数已建或在建机组；目前第三代核电机组如 ACP1000、AP1000 等机组要求核电阀门的使用寿命为 60 年。

第五节　常用阀门介绍

一、截断阀类

在流体管路中用来切断和接通流体的阀门，主要有闸阀、截止阀、旋塞阀、球阀、蝶阀五大类。

（一）闸阀

闸阀是指启闭件（闸板）沿通道中心线的垂直方向移动的阀门，见图 7-18。闸阀在管路中只能处于全开或全关状态，而不能调节和节流，一般用于口径 DN≥50 的管路。在核电站中，闸阀的口径 DN 一般都在 80 mm 以上。核一级闸阀阀体必须采用锻件，只有核二、三级的闸阀阀体才允许用铸件，但由于铸件质量不易控制和保证，因此往往还是采用锻件。为防止介质外泄漏，通常闸阀都采用双层填料带引漏管，并设有碟簧预紧装置来防止填料松动。采用的驱动方式有手动和电动两种，电动闸阀的电机一般带有制动功能，以防过载。

闸阀有以下特点：

1. 优点

（1）流体阻力小，阀门公称直径可与管道一致；阀体流道短并且是直的，介质通过时不需要改变方向。

图 7-18 闸阀

（2）开闭所需外力较小，闸板运动方向与介质流动方向相垂直，流体的压力在启闭件运动方向上无分力。

（3）介质的流向不受限制，阀门安装没有方向限制。

闸阀最主要的优点是：流道通畅，流体阻力小，启闭扭矩小。

2. 缺点

（1）在启闭过程中，密封面间有相对摩擦，容易引起擦伤现象，维修比较困难。

（2）由于闸阀启闭时须全开或全关，闸板行程大，开启需要一定空间，因此其外形尺寸大，安装所需空间较大。

（3）闸阀一般都有两个密封面，给加工、研磨和维修增加了一些困难。

（二）截止阀

截止阀是用阀瓣作启闭件并沿阀座轴线（中心线）移动，以实现启闭动作的阀门，其结构如图 7-19 所示。截止阀主要用于截断流体，在对调节性能要求不高的场合也可用于调节流量。截止阀是管道上常用的一种阀门。

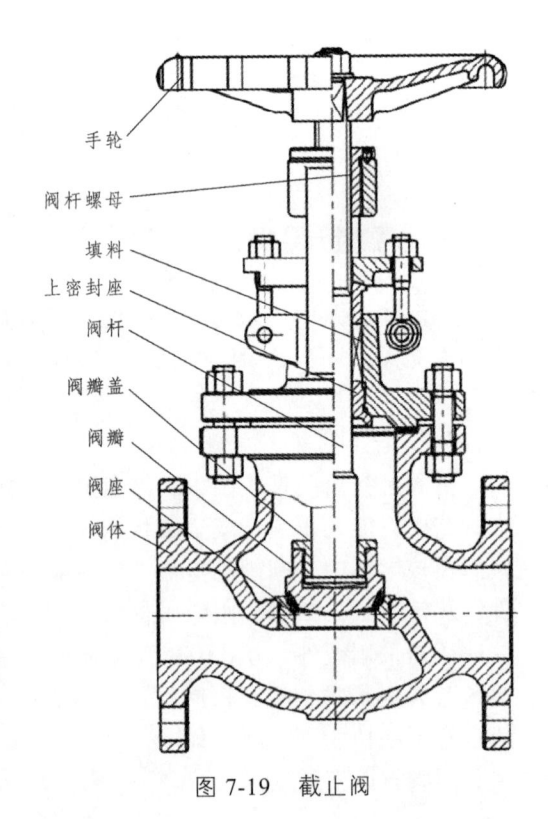

图 7-19 截止阀

截止阀有以下特点：

1. 优点

（1）与闸阀相比，截止阀结构相对较简单，只有一个密封面，制造工艺成熟，维修方便。

（2）启闭时阀瓣与阀座密封面之间无相对滑动（锥形密封面除外），因而密封面磨损和擦伤较轻，密封性能好。

（3）阀瓣行程小，因而截止阀高度较小。

2. 缺点

（1）由于关闭时阀瓣与介质流动方向相反，必须克服介质的作用力，所以要求启闭力矩大，启闭过程对动力要求高。

（2）流动阻力大。阀体内介质通道比较曲折，介质流动方向改变且流道较长，导致流动阻力大、动力消耗大，因此截止阀是各类截断阀中流动阻力最大的。

（3）介质流动方向受限制。介质流经截止阀时，在阀座通道处只能从下向上（低进高出）单方向流动，不能改变流动方向。

（4）结构长度较大。

（三）旋塞阀

旋塞阀（见图 7-20）的启闭件是一个带通孔的圆锥形或柱形的塞体，靠围绕本身的轴线随阀杆做旋转运动来完成阀内的启闭。旋塞阀在管路中主要用作切断、分配和改变介质流动方向。

图 7-20　旋塞阀

旋塞阀有以下特点：

1. 优点

（1）结构简单，零件少，体积和质量小。

（2）流动阻力小，流道与管道内径可以一致，介质流经旋塞阀时，流体在通道内的流线可以不收缩。对于直通式旋塞阀，介质流动方向不变。

（3）启闭迅速，介质流动方向不受限制。

2. 缺点

（1）启闭较费力，旋塞阀的阀体与塞体之间是靠圆锥表面密封的，所以密封面面积较大，启闭力矩也相应较大，如没有采用有润滑的结构或在启闭时不能先提升塞体，则启闭力矩会有严重的负面影响。

（2）使用中易磨损，从而难以保证密封性，且不易维修。如果采用油封结构，即在密封面中注入油脂，形成油膜，则可提高密封性能。

（四）球阀

球阀（见图 7-21）和旋塞阀是同属一个类型的阀门（为了克服旋塞阀的缺点而制造的），只是它的启闭件是一个球体，是通过球体绕阀杆中心线旋转来实现开启、关闭功能的一种阀门。在管路中主要用于切断、分配和改变介质的流动方向。

图 7-21　球阀

球阀有以下特点：

1. 优点

（1）流体阻力小，其阻力系数接近于直管段，流动尺寸与管道一致，流线不改变方向。

（2）结构简单、体积和质量小。

（3）密封可靠。目前球阀的密封材料广泛使用塑料，其密封性好，在真空系统中也被广泛使用。

（4）操作方便，开启迅速，从全开到全关只要旋转 90°，便于远距离控制。

（5）维修方便。球阀结构简单，密封圈一般都是活动的，拆卸、更换都比较方便。

（6）在全开时，球体和阀座的密封面与介质隔离，介质通过时，不会引起阀门密封面的侵蚀。

（7）适用范围广，通经的变化范围大，小到几毫米，大到几米，压力适用范围也很大，从高真空到高压力都可以应用。

2. 缺点

（1）加工精度高。

（2）高温中不宜使用。

（3）管道内有杂质，容易被杂质堵塞，导致阀门无法打开

（五）蝶阀

蝶阀（见图 7-22）是用随阀杆转动的圆形蝶板作启闭件，以实现启闭动作的阀门。蝶阀主要当成截断阀使用，也是唯一可用来调节的截断阀。

图 7-22　蝶阀

蝶阀是近十几年来发展最快的阀门品种之一。蝶阀的适用范围非常广泛，品种和规格不断扩大，并向高压、大口径、高密封性、长寿命、超低温、超高温、既可以紧急切断又具有近视等百分比调节特性等多功能方向发展。其各种性能指标均达到较高水平，并部分取代截止阀、闸阀和球阀。它在管线上的应用日益广泛，被越来越多用户的选择。

蝶阀有以下特点：

1. 优点

（1）结构简单紧凑，体积和质量较小，长度甚至可以小于通经。

（2）由于全开时阀座通道有效流通面积较大，因而流动阻力较小。

（3）启闭方便迅速且比较省力。蝶板旋转 90°角即可完成启闭。由于转轴两侧蝶板受介质的作用力接近相等，而产生的转矩恰好相反，因而启闭力矩较小。

（4）低压下可以实现良好的密封。

（5）调节性能好，通过改变蝶板的旋转角度可以分级控制流量。

2. 缺点

（1）使用压力和工作温度范围较小。

（2）高压下密封性较差。

二、自调阀类

这类阀门启闭件的动作仅受流体能量和方向控制（流向-流速），并在一个规定方向上永远是闭合状态，根据功能不同，这类阀门有两种：

（1）用来阻止流体反方向流动的止回阀。

（2）避免流体速度超过规定值的断流阀。

（一）止回阀

止回阀是依靠介质本身流动而自动开启、关闭阀瓣，用来防止介质倒流的阀门。

止回阀又称单向阀、逆止阀、背压阀。它的作用是防止介质倒流，防止泵及其驱动电机反转以及容器或管道内介质的错误泄放。

图 7-23 所示为止回阀用于造雪机中的情况。止回阀允许压缩空气通过，到高压喷嘴与水混合；但防止水回流到空压机中，造成损坏。

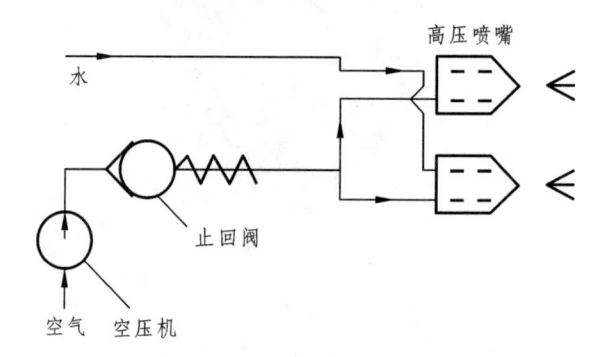

图 7-23　止回阀在造雪机中的应用

1. 止回阀的分类

根据壳体及内件材质不同，止回阀可使用在不同介质的管路上。常见的止回阀根据结构不同，可分为以下几种：

（1）旋启式止回阀。它分为单瓣式和多瓣式旋启止回阀。

（2）升降式止回阀。它分为直通式止回阀和立式升降止回阀。

（3）蝶式止回阀。

（4）管道式止回阀。

（5）对冲式止回阀。

在工业管路中，旋启式止回阀和升降式止回阀应用得最为广泛。

2. 旋启式止回阀

旋启式止回阀是阀瓣围绕阀座外的销轴旋转开启或关闭的止回阀,如图 7-24 所示。根据阀瓣的数量,它分为单瓣式和多瓣式。结构最简单的是单瓣旋启式止回阀。

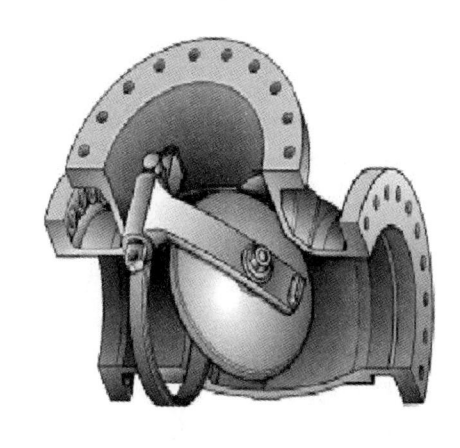

图 7-24　旋启式止回阀

（1）旋启式止回阀的工作原理：旋启式止回阀在正向流体推力作用下,启闭件向上旋转开启阀门；流体反向时,启闭件首先靠自重落下,然后在反向流体推力作用下,关闭阀门。

（2）旋启式止回阀的特点：

① 阀内通道呈流线型,流动阻力较小,适合大口径的场合。

② 安装位置不受限制,它可装在水平、垂直或倾斜的管线上,如装在垂直管道上,介质流向要由下而上。

③ 易产生水锤现象。水锤现象是指：迅速关闭阀门,由于液体的惯性,会对阀门和管道产生冲击,严重时会引起管子破裂或阀门损坏。冲击会产生两种压力——正压和负压。正压是压强过高,将管道或阀门胀裂；反之,压强过低又会导致管子抽瘪塌陷,还会损坏阀门和启闭件。

3. 升降式止回阀

升降式止回阀是阀瓣按阀座孔轴线平行方向移动的截止阀型止回阀,它的结构与截止阀有很多相似之处,其中阀体与截止阀几乎完全一样,可以通用。其阀瓣形式也与截止阀阀瓣相同,阀瓣上部与下部都加工出导向套筒,阀瓣可在阀盖导向套筒内自由升降。采用导向套筒的目的是要保证阀瓣准确地降落在阀座上。在阀瓣导向套筒下部或阀盖导向套筒上部有一个泄压孔,当阀瓣上升时,可以用于排除套筒内介质,以减小阀瓣开启时的阻力。升降式止回阀的启闭件（阀瓣）沿阀座通道中心线做升降运动,动作可靠,但流动阻力较大。与旋启式止回阀一样,也要注意防止可能产生的水锤现象。

升降式止回阀按在管路上的安装位置可以与分为直通式和立式两种,如图 7-25 所示。

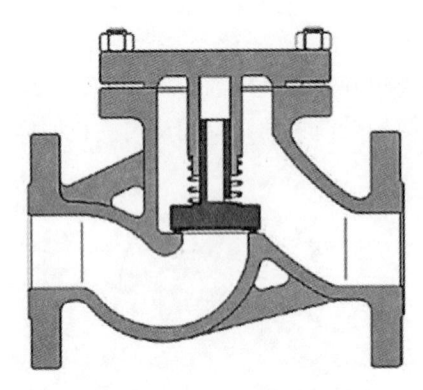

图 7-25 升降式止回阀

（1）直通式止回阀：当介质停止流动时，阀瓣靠自重降落在阀座上，阻止介质倒流。故允许安装在水平管路上。如在阀瓣上部放置辅助弹簧，阀瓣在弹簧力的作用下关闭，则可安装在任意位置。

（2）立式升降止回阀：其介质进出口通道方向与阀座通道方向相同，为使阀瓣能靠自重下落到阀体阀座上，必须将它安装在垂直管路上，这种止回阀的流动阻力较小。

（二）调节阀

1. 调节阀简介

调节阀又称控制阀，它是过程控制系统中用动力操作去改变流体流量的装置，如图7-26 所示。

图 7-26 调节阀

所谓过程控制是指以温度、压力、液位和成分等生产工艺参数作为被控对象，对采集检测到的数据利用计算机技术进行自动控制调整。

控制阀是一个大类，这里介绍的是流体动力管路中所应用的阀门。在液压传动系统中也应用了大量控制阀，对液压系统的压力、方向、流量进行控制，实现对执行元件输出力矩或扭矩以控制其运动速度和方向的功能。现代工业生产已不满足一般阀门所具有的粗犷式调节,对流量的检测、控制要求更加精确,并能根据生产参数的变化及时做出反应并进行相应的调整。

调节阀由驱动机构和阀门部件组成,驱动机构也是阀门的控制装置,它将控制信号转换为大小不同的推力,使阀杆产生相应的位移,改变启闭件与阀座之间的流通面积,从而达到调节流量的目的。驱动力可以是气动、电动、液动或这三者的任意组合。

2. 调节阀的基本原理

调节阀是按节流原理来实现其功能的,故也称为节流阀。通常调节阀在结构上除了启闭件和阀杆控制系统外,其余均与截止阀相同,其流道也有直通式和角式之分。

所谓节流就是工程热力学中的一个术语。管道中的流体通过狭小的缝隙或阀门后发生压力降低的现象称为节流。

当流体在管路及设备中流动时,也存在流动阻力从而使压力有所降低,但它的压力降低相对较小,并且是逐渐变化的;而节流阀的节流过程压降较大,并且是突然变化的。

3. 调节阀的分类

调节阀或者说控制阀经过多年的研究与开发,已品种繁多且用途各异。根据启闭件相对于阀座移动的方向,调节阀可以分为截止阀、蝶阀、球阀和偏心旋塞阀四种;按用途不同,调节阀可分为开关型和调节型;按驱动力不同,又可分为气动、电动和液动调节阀。

调节阀的内部结构如图 7-27 所示。

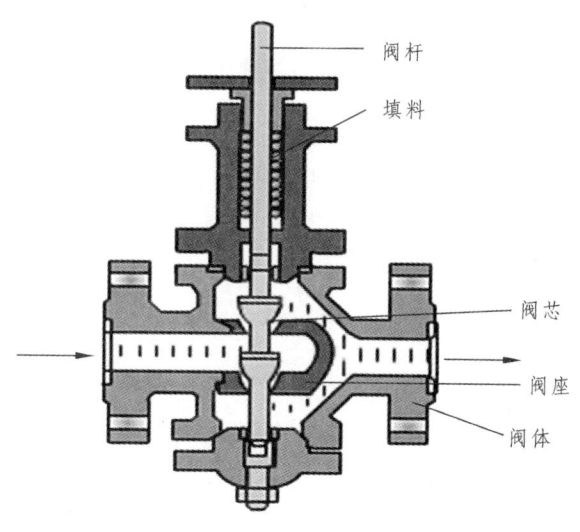

图 7-27 调节阀的内部结构

4. 启闭件形状与数量

为了减小流体对阀瓣的推力,以便能简便、灵活和准确地操作,在高压流体管道上的调节阀的阀杆上可以安装两个反方向运动的启闭件。调节阀为了能精确地对介质进行调节,启闭件与阀座被设计成不同的结构形式。根据调节标准(精度、启闭件启闭力、闭合的密封性、流体的性质、压力、温度和流量大小），启闭件常见有四种形式：直线型启闭件、等百分比（对数）型启闭件、抛物线型启闭件、速开型启闭件。

第六节　核电阀门的特点与要求

一、核电阀门及其重要性

核电站中用的阀门统称为核电阀门或核阀门。

（一）核电阀门的重要性

核阀门对于核电厂的安全运行起着极为重要的作用。核电厂因阀门故障而引起的事故占相当大的比重。据统计，在一座由两组 1000 MW 机组组厂中，各类阀门达到约 3 万台，这些阀门广泛分布于核电厂的核岛、常规岛和电厂辅助设施（BOP）系统中，构成了保障核厂安全运行的重要组成部分。因流过的介质含有放射性，所以核电阀门必须确保在特殊的运行工况下，能安全、可靠地工作。因核电站是靠原子核的裂变反应来进行发电的，所以系统里包含了大量的放射性介质，放射性介质对阀门的结构和使用的材料提出了特殊要求。

（二）核阀门与一般工业阀门或火电站阀门的区别

与常规大型火力发电站用阀门相比，虽然在压力和温度等参数上压水堆型核电站阀门较低些，但核电站用阀门却有着更高的技术特点和要求。

二、核电阀门的分级与要求

（一）核电阀门的分级

1. 核电阀门分级的目的

由于核电具有放射性这一特殊性，为了确保安全运行，控制潜在的放射性风险，对核电厂的设备和系统的质量状况及运行可靠性的要求比常规火电厂更为严格。然而，一座压水堆核电厂各类系统的总和达到 348 个，采用了几万个阀门，如果全部采用同一个等级或按照同一个标准要求建造，将会使核电厂的总体造价过于昂贵，这会大大影响核电的经济性。考虑到核电厂的设备和系统对于核安全的影响不同，其核电阀门可以区别对待、分级要求，从而既满足核安全要求，也满足尽量降低初期投资与造价的要求。因此，在实际工程中，核电厂从设计开始就将作用各异的设备与系统进行核安全分级，根据所定的不同级别对核电厂的制造、建造、运行和管理制定不同的验收、操作、运行和管理标准，以达到区别对待、合理要求、降低造价、确保安全的目的。

2. 核电阀门的等级

根据阀门对核电站安全的不同重要程度，按我国核安全法规，核电阀门共分成四个等级，即核安全一级、核安全二级、核安全三级和安全四级。核安全一级、核安全二级、核安全三级相当于 ASME 标准（是美国机械工程师协会标准）的 NB、NC、ND 级。安全四级常称为非核级。

根据核电站对阀门的抗震要求来分，核电阀门分为抗震Ⅰ类阀和抗震Ⅱ类阀。核安全一级和二级阀全部都是属于抗震Ⅰ类阀，原则上安全三级也属于抗震Ⅰ类阀，其余阀门属于抗震Ⅱ类阀。

一回路辅助系统多数在安全壳外，它通过一根或数根管道穿过安全壳与壳内的辅助系统和主系统相连，在贯穿区的两侧一般装有两只阀门，这两只阀门就叫安全壳隔离阀。

一回路压力边界阀门，由其名称就可知这种阀门的作用和重要性，这类阀门属于安全一级、抗震Ⅰ类阀。

3. 核阀门在核电站中的安全性的判断依据

核阀门在核电站中的安全性的判断依据是：能够确保核电厂在运行工况以及事故工况下安全停堆、排出余热、保证三道屏障的完整性与功能的实现，尤其是压力边界的完整性的保护，阻止与控制放射性物质外逸，减少或防止对工作人员、公众和环境的危害。

4. 压水堆核阀门的应用

（1）核安全一级阀门：反应堆冷却剂系统隔离阀、堆卸压装置的卸压阀、安全阀、稳压器的喷淋阀。

（2）核安全二级阀门：

① 安全壳隔离系统阀门。
② 余热排出系统及蒸汽发生器二次侧超压保护系统阀门。
③ 堆内仪表系统阀门。
④ 硼酸注入系统、反应堆冷却剂系统（仪表及取样）或应急堆芯冷却系统的阀门。
⑤ 安全壳喷淋系统的阀门。

（3）核安全三级阀门：

① 安全壳外应急辅助给水系统阀门。
② 设备冷却水系统阀门。
③ 应急柴油机输油、润滑、冷却系统阀门。
④ 乏燃料池冷却系统阀门。
⑤ 乏燃料池硼酸注入辅助系统阀门。

（二）核电阀门的特殊要求

由于核电站一回路的介质、技术参数、环境条件对阀门的安全可靠性要求等均不同于常规电站，因此，对核电阀门除了一般要求外，还有一些特殊要求。

1. 抗辐射要求

辐射是核电特有的工况，核电站给水阀门辐照累计量为 $1.2 \times 10^6 Gy$（戈瑞），因此核电阀门选用的材料除了满足工作介质的要求外，还应该耐辐照，即材料受辐照后其使用性能不改变、不活化，即材料的半衰期要短。半衰期长的材料，如铜、钴等尽量少用，甚至不用。

（1）中子辐照对材料力学性能的影响：材料经中子辐照后，其力学性能会显著改变，如强度指标增加、塑性指标降低、脆性—塑性转变温度提高。也就是说，辐照能使材料变脆，这种现象叫作辐照硬化。

（2）中子辐照对材料尺寸稳定性的影响：作为反应堆材料，无论是燃料元件还是其他堆内部件，都要求在中子辐照作用下尺寸稳定，否则就会给反应堆的安全运行带来极大危害。辐照引起材料尺寸变化主要表现在以下两个方面：辐照生长、辐照肿胀。

① 辐照生长：某些材料（如 a-铀、锆、镉、锌、钛等）在中子辐照作用下表现为定向的伸长和缩短，这种现象的特征是它们的密度基本保持不变。例如，斜方晶系的 a-铀，其单晶体在辐照下，b 轴方向伸长，a 轴方向缩短，c 轴方向不变；六方晶系的石墨，在辐照下，c 轴膨胀，a 轴收缩。

② 辐照肿胀：辐照肿胀是不同于辐照生长的另一种尺寸不稳定形式。它表现为体积增大而密度降低。例如，铀、二氧化铀、石墨、铍、氧化铍等这些常用的堆芯材料，在中子辐照下，在一定的温度以上就会发生肿胀，一般是低温辐照生长，高温辐照肿胀。

2. 密封要求

由于经过核阀门的流体大多带有放射性，因此不允许有任何外泄发生，故要求核阀门的密封要好，法兰密封相对安全可靠，但为了保证阀杆无外漏，结构上应采用波纹管和中间引漏。为了便于清洗，要求阀门内外表面光滑，阀体内应尽量避免有死角，防止沉积放射性颗粒，出现"热点"。阀体与管道的连接也多采用焊接连接。

3. 对填料垫片的要求

在核阀门上，如阀盖与阀体、阀门与管道、阀杆的密封均采用了垫片和填料，这些垫片、填料会与系统介质长期接触。由于核电站采用了大量不锈钢，特别是薄壁设备，如燃料元件包壳、蒸发器管子、波纹管等，必须防止氯离子破坏水质，造成不锈钢设备的点腐蚀，因此要求严格控制核阀门选用的填料和垫片等非金属密封材料中的氯、氟和硫离子含量，各项数据都应低于普通阀门规范规定的指标，例如，氯离子含量应小于 0.01%，低硫离子含量应小于 0.05%，以保证对金属基体不造成腐蚀损伤。

4. 禁用材料

由于事故而产生的安全壳内的安全喷淋液中有 NaOH 和硼，因此核阀门一般严禁使用铝、锌或镀锌材料，如果要使用这些材料必须征得总体设计的同意。核阀门不得选用低熔点材料，如锡、铅等，与介质接触的表面禁止电镀和氮化。

很多金属都能与酸发生反应，但大多数金属却不会与碱发生反应。而铝在遇碱时会发生反应，并释放出 H，说明铝具有两性（金属性与非金属性），酸碱盐等可以直接腐蚀铝制品。

因此，核阀门的制造材料必须具有良好的耐蚀性、抗辐照、抗冲击和抗晶间腐蚀。在一些核电厂的主系统中，均采用低碳甚至超低碳奥氏体不锈钢作主体材料（如压力容器、主管道等），并选用一些强度、韧性和耐温、耐压、抗冲蚀、抗擦伤等性能优越的合金材料来做阀杆或密封面等零件。

5. LOCA（失水事故）要求

安装于安全壳内的阀门应满足 LOCA 失水事故要求，即在失水事故状态下，仍能保持阀门设备的完整性和可操作性。因此，核阀门选用的电动装置、仪器、仪表及其他附件均应通过 LOCA 试验检验。

失水事故是：管道破裂、冷却剂流失。事故开始时，破口外的冷却剂突然失压，会在一回路系统内形成一个很强的冲击波，这种冲击以声波速度在系统内传播，可能会使堆芯结构遭到破坏；此外，冷却剂的猛烈喷放，其反作用会造成管道甩动，破坏安全壳内设施。

6. 结构要求

（1）由于流经阀门的介质具有放射性，所处的环境又有一定的辐照剂量，因此要求装拆、维修阀门的速度要快，所以要求核阀门具有结构简单、装拆维修容易等特点。

（2）阀体流道设计应流畅，尽量减少或避免产生死角。

（3）阀体外表面光滑平整，易于冲洗去污。

（4）根据《压水堆核电厂阀门产品出厂检查与试验》（EJ/T 1022.9—1996）中的规定：对铸件，除图样规定外，与介质接触的表面粗糙度应不低于 $Ra6.3\ \mu m$；非加表面和焊缝需打磨光，直至显露金属光泽，其表面粗糙度应相当于 $Ra25\ \mu m$；锻件除图样规定外，与介质接触的表面粗糙度应不低于 $Ra6.3\ \mu m$，其他表面（包括焊缝）粗糙度应不低于 $Ra25\ \mu m$。

按照国家标准的规定，常用以下三个指标来评定表面粗糙度（单位为 μm）：轮廓的平均算术偏差 Ra、不平度平均高度 Rz 和最大高度 Ry。

7. 安全可靠性要求

阀门在核电站运行中起着十分重要的作用，阀门性能的好坏会直接影响核电站的安全，因此核电站要求阀门的性能必须安全可靠。为了达到这一目的，要求制造厂在为核电站正式提供产品前，必须选择典型的、具有代表性的阀门做样机。样机必须经受一系列的试验，如冷态性能试验、热态模拟工况试验、寿命试验（机械磨损、热老化和辐射老化试验）、地震试验等；电器设备还应做 LOCA 试验，以验证阀门性能的安全可靠性。

8. 抗震要求

核电站要求核阀门在电站遭受地震期间或地震后能继续保持阀门结构和承压边界

的完整性及良好的工作特性，所有的核电阀门都需要进行抗震分析，保证阀门在地震时也能正常运行，因为核电一旦出现泄漏，对人们造成的危害是非常大的，因此，抗震试验是核电阀门设计必不可少的一环。

基于此，对核阀门提出以下具体要求：

（1）要求阀门的自振频率应大于 33 Hz，因为一般的地震频率为 0.2～3 Hz，如果阀门的自振频率在这个范围内，则地震时会引起共振，导致阀门和连接的管道受到地震破坏。

（2）阀门必须做抗震计算，计算的目的是保证阀门在地震载荷下，仍能保持阀门结构的完整性和承压边界的完整性。

（3）对于抗震 I 类阀，必须选择具有典型代表的阀门做抗震试验。试验的目的，除了验证设计计算外，更重要的是考核该阀门在地震状况下是否能保持运行和动作的安全可靠性。一般试验内容有三项：测自振频率、五次 OBE（运行基准）地震试验、一次 SSE（安全停堆）地震试验。

9. 严格的技术条件

由于核电站对核阀门有着许多不同的特殊要求，根据这些要求专门确定了一系列有关核电阀门的设计制造、试验和验收的技术条件，使制造厂家能按照这些技术条件生产出符合要求的核阀门。例如，核阀门在设计、制造和检验等各个环节上均有远高于普通阀门的要求，尤其是核安全一级阀门，按照核安全法规的要求，必须采用分析方法进行设计，对阀门结构进行详细的应力分析和评价。而普通工业阀门规范无法满足核安全级一级阀门的要求。制造厂家必须取得"民用核承压设备设计资格许可证"和"民用核承压设备制造资格许可证"后方可生产核电阀门，而普通阀门只需取得"特种设备制造许可证"就可生产。

严格的技术条件要求体现在阀门的设计、制造和安装等方面。

10. 质保要求

制造厂家在生产核阀门前，应根据要求编制相应的质保大纲、质保体系和质量控制等文件，以确保自己生产出来的阀门符合核级要求，从而向核电厂提供高质量的具有安全可靠性的阀门；另一方面，应保证核阀门的重要部件具有可追溯性，确保做到质量可控、过程可溯、责任可查。

第七节　阀门的试压、安装、维修与操作

一、阀门的试压

阀门试压流程如下：

（1）检查：检查核阀门外观是否符合要求、阀门开启是否灵活。

（2）安装：阀门放正，流向朝上，油缸顶紧。

（3）气密性试验：阀门关闭→油缸顶紧→设压力值为 2 MPa→打开下进水阀（排空阀打开，流水时关闭）→低压泵启动（等压力值上升至 2 MPa 时关闭）→关闭下进水阀→保压 2 分钟（检查压力表是否降压，阀门本体有无泄漏）→泄压（打开放水→打开排气阀→油缸放松）。

（4）强度实验：开启阀门行程一半→打开下进水阀（排空阀打开，流水时关闭）→设压力值为 3 MPa→启动低压泵（等排空阀关闭）→关闭低压水泵（启动高压水泵）→关闭下进水阀→保压 2 分钟（检查压力表是否降压，阀门本体有无泄漏）→泄压（打开放水→打开排气阀→油缸放松）。

（5）填写试压记录：

① 工程名称。

② 阀门信息，包括位号、规格、试压介质、严密性试压（1.25 倍工作压力，需记录压力和时间）、强度试验（1.5 倍工作压力，需记录压力和时间）。

二、阀门的安装

（一）总体要求

（1）阀门安装实施必须按照相关程序或上游技术文件执行。

（2）必须开启相应的质量计划或焊接控制单或任务单跟踪。

（3）根据等轴图和质量跟踪文件，确认阀门铭牌或标识牌信息是否正确。

（4）确认安装的阀门是否存在缺陷（损坏或裂纹等）。

（5）确认阀门是否已经锁定在安装位置（阀门分队会挂牌提示）。

（6）确认要安装的阀门是否是温控阀（阀门分队会挂温控阀警示牌）。

（7）根据等轴图、阀门图纸、阀体上的流向标识，确定阀门流向。

（8）根据等轴图和阀门安装程序确定阀门的安装方位，必须考虑阀门标识牌和仪表的可视性及阀门的操作及维修空间。

（9）检查阀门和管道的清洁度，清理杂物。

（10）按照规范对阀门进行吊装和落位。

（11）按技术要求进行阀门与管道的连接（焊接、法兰栓接）。

（二）具体要求

1. 接收时的检查

（1）选用的阀门规格、型号、位号与设计图纸相吻合。

（2）检查阀门外观是否存在缺陷，法兰密封面是否有划痕，阀门附件是否完整，阀门无损坏，质量满足适用要求。

（3）安装前对阀门进行强度（1.5X）和严密性（1.1X）实验，合格后方可使用。

（4）安装前对阀门开启盘车，检查其灵活性、密闭性。

2. 阀门的安装流向

（1）等轴图管线标有介质流向，阀门流向与管道介质流向必须一致。有的阀门有流向标识，有的阀门没有流向标识，定位前必须查看阀体流向。当阀体上没有标识阀门流向时，需和阀门分队技术人员联系，确认阀门流向。大多数阀门的阀体上都标有流向，如截止阀、止回阀等都是单向，低进高出；球阀、蝶阀、闸阀等大部分是双向。

（2）单向箭头"⟶"表示介质只能沿箭头方向通过阀门。

（3）双向箭头"⟵⟶"表示介质沿两个方向通过阀门均可，没有进出口的区别。

（4）如果发现阀体上的流向标识与阀门图纸上的不一致，则需要开 NCR。

（5）如果阀体上无流向标识，首先查看图纸和 EOMM，如可查出阀门流向，则打开 NCR。

（6）NCR；如都未给出流向要求，则通过 CR 澄清。

3. 阀门的安装方位（阀门本体）

阀门安装方位是指在现场安装过程中，阀门、驱动机构、手轮手柄允许的安装位置。为了防止阀门安装方位错误，阀门安装定位时除了需要参考等轴图和平面图外，重要的是还需遵照供应商 EOMM 手册编制的"核岛阀门安装方位和安装开启度"的程序（PT-B1505）执行，该程序给出了每一类阀门的允许安装方位。

由于管道安装先于阀门安装，有些带有气动或电动驱动机构的阀门在进行安装时，如果所在房间的管线比较多，或阀门所属的管道距离墙或天花板比较近，或所处的空间比较狭小，就可能导致阀门因驱动机构的体积庞大而不能满足吊装、安装、维修及拆卸的相关工作要求。因此，在阀门安装定位时，必须同时考虑阀门的吊装空间、安装空间及维修空间，对于确实满足不了的必须打开澄清，依据澄清要求执行。

4. 阀门定位的一般原则

（1）必须考虑操作、维修、阀门附件安装及仪表可视的空间。

（2）管道的介质流向与阀门的流向必须保持一致。

（3）管道平面图和等轴图中给定了阀门布置方向的，则在保证现场阀门操作、维修方便的前提下尽量按照图纸要求安装，因为阀门远程控制机构、仪器仪表监测、专用吊装机具都是以平面图和等轴图为依据进行接口设计和安装的。

（4）如果按照图纸方向定位无法满足操作和维修空间，调整阀门的安装方位时必须控制在阀门安装程序（PT-B1502）允许的范围内，否则开出澄清。

（5）如果安装程序（PT-B1502）要求与等轴图的方位要求相冲突，则需开出澄清。

（7）手轮/手柄的定位必须遵循以下原则：

① 手柄（手轮）的定位不能影响整个阀门的安装定位。

② 满足供应商提供的手轮（手柄）方向定位要求。

③ 满足等轴图给定的方位要求。

④ 满足操作要求和检修要求。

⑤ 考虑周围支架或管道交叉时的阻碍因素。

（8）焊接阀门时，地线不能连接阀体，应连接在阀体焊接侧的管段上（电流不过阀体）。

（9）焊接阀门时，阀门呈打开状态（30%~80%）；栓接和螺纹连接的阀门呈关闭状态。

（10）温控阀门焊接时，须贴温控标签，控制层间温度不得超过110℃。

（11）阀门驱动机构的定位：因阀门驱动机构是可以灵活转向的，若阀门驱动机构因周围支架或管道阻碍而影响整个阀门的正确定位，阀门分队应根据现场实际情况对阀门的驱动机构进行转向，重新定位。

三、阀门的维修

（一）保管维护

保管维修的目的是不让阀门在保管过程中损坏或降低使用质量。要求：

（1）阀门按区域存放在货架上。

（2）阀门进出口封堵。

（3）大型或精密阀门要进行包裹隔离。

（4）仓库环境干燥、通风。

（二）使用维护

使用维护的目的延长阀门的使用寿命及保证其启闭可靠。要求：

（1）对阀杆螺纹添加润滑剂，定期转动手轮。

（2）对室外阀门的阀杆加保护套。

（3）对阀门的机械传动部分的变速箱加润滑油。

（4）保持阀门清洁。

（三）阀芯的拆卸与回装

（1）拆除阀门大盖前做记号。

（2）密封面不得损坏。

（3）阀芯复原时与阀门本体位号对应一致。

（4）阀芯不得装反（特别是升降式锥形阀芯）。

（5）螺栓用对角力矩扳手紧固。

四、阀门的操作

（一）手动阀门的开闭

（1）操作前熟悉使用手册。
（2）手动阀门的启闭用力平稳。
（3）当阀门全开时，应将手轮倒转少许。
（4）如发现启闭费力，应分析原因，再进行下一步操作。

（二）电动或液压阀门的开闭

（1）检查行程开关的触控点位置。
（2）通电前手动盘车。
（3）传动杆涂抹润滑油。
（4）检查液压缸的密封性。
（5）调整液压缸的进油阀门。

（三）注意事项

（1）天气寒冷时，应随时排除阀门或管道内的凝结水。
（2）非金属阀门的强度和硬度较低，操作时不能力度过大。
（3）新阀门的填料不要压得太紧，以免阀杆受压太大。

五、阀门的成品保护

（1）定期检查维护，重要阀门有检查记录。
（2）阀门在库房里分区有序存放在货架上，库房防潮。
（3）拆除的阀芯包裹好且必须挂上标志牌。
（4）现场已安装的阀门要用篷布或塑料布包裹。
（5）阀门铭牌标识清晰、准确。

思考与练习

1. 什么是阀门？它有哪些功能？
2. 阀门按驱动方式分为哪几种？
3. 列举5种常用阀门，并简述各自的工作原理和用途。
4. 阀门安装有哪些规定？
5. 为什么温控阀门要控制焊接温度？

第八章

核电管道的试验与吹洗

- 第一节 管道的符合性检查……………… 184
- 第二节 管道系统试验……………… 184
- 第三节 管道系统的吹扫与冲洗………… 193
- 第四节 管道系统的防腐与保温………… 195
- 思考与练习……………… 197

第一节 管道的符合性检查

一、管道符合性检查的定义和目的

管道符合性检查是在对管道回路压力试验前,对管道及支吊架安装质量实施的一次全面性检查验证活动。

管道符合性检查的目的是:检查管道及其支架安装质量是否符合安装程序和图纸的要求。

二、管道符合性检查的内容和步骤

(一)管道符合性检查的内容

(1)安装图的正确性。
(2)支吊架的完整性。
(3)支架的功能性。

(二)管道符合性检查的步骤

(1)管道符合性检查申请已经批准。
(2)通知质检、监理进行现场核查。
(3)准备好相关图纸、技术文件、工机具、检查环境满足条件。
(4)主要检查内容(安装图的正确性、支吊架的完整性和功能性)。
(5)对照文件、图纸进行实物检查。
(6)资料记录。
(7)签字确认。

第二节 管道系统试验

管道系统安装完成后,根据管道系统不同的使用要求,要进行系统试验,试验内容主要有压力试验、泄漏性试验、真空度试验等,以检查系统及各连接部位的工程质量。

一、管道系统压力试验的先决条件

(1)试验范围内的管道安装工程,除防腐、绝热外,已经按设计图纸全部完成,安装质量通过符合性检查。

（2）焊缝有损或无损检测合格，焊缝及其他待检部位尚未防腐和绝热。

（3）管道上的膨胀节已设置了临时约束装置。

（4）试验用的工器具、辅材准备完毕。压力表已校验，并在有效期内，其精度不得低于1.6级，表的满刻度值应为被测最大压力的1.5倍～2倍，压力表不得少于2块。

（5）符合压力试验要求的液体或气体已备齐。

（6）管道已按试验要求进行加固。

（7）待试管道与无关系统已用盲板或其他隔离措施隔开。为防止损坏不宜试压的设备须用临时管替代；管线须有高点放气、低点排水设施。

（8）待试管道上的安全阀（见图8-1）、爆破板（见图8-2）及仪表元件等已拆下或已隔离。

（9）试验方案已批准，试压人员已培训合格，并已进行了技术安全交底。

（10）在压力试验前，相关资料已经建设单位和有关部门复查，有遗留尾项记录备案。

图8-1　安全阀 　　　　　　　　图8-2　爆破片

二、压力试验的规定

管道系统压力试验是以液体或气体为介质，对管道逐步加压达到规定的压力，以检验管道强度和严密性的试验。该试验应符合下列规定：

（1）管道安装完毕，热处理和无损检测合格后，进行压力试验。

（2）压力试验应以液体为试验介质，当管道的设计压力小于或等于0.6MPa时，可采用气体为试验介质，但应采取有效的安全措施。

（3）脆性材料严禁使用气体进行试验，压力试验温度严禁接近金属材料的脆性转变温度。

（4）进行压力试验时要划定禁区，严禁无关人员进入。

（5）试验过程中发现泄漏时，严禁带压处理，待消除缺陷后重新进行试验。

（6）试验结束后，及时拆除盲板、膨胀节等临时约束装置。

（7）压力试验完毕，不得在管道上进行修补或增添物件。
（8）压力试验合格后，应填写管道系统压力试验记录。

三、液压试验实施要点

（1）应使用洁净水，对于不锈钢、镍及镍合金管，水中氯离子不超 25 ppm。

（2）试验前，注入液体时应排尽空气。

（3）试验时的环境温度不宜低于 5 ℃，并且高于相应金属材料的脆性转变温度，当环境温度低于 5 ℃ 时应采取防冻措施。

（4）地上钢管道及有色金属管道试验压力应为设计压力 1.5 倍。承受外压的管道，其试验压力应当为设计内、外压差的 1.5 倍，并且不得低于 0.2 MPa。埋地钢管道的试验压力为设计压力的 1.5 倍且不低于 0.4 MPa。

（5）管道与设备作为一个系统进行试验时，当管道的试验压力≤设备的试验压力，应按管道的试验压力进行试验；当管道试验压力>设备的试验压力，且设备的试验压力>管道试验压力的 77%，经设计或建设单位同意，可按设备的试验压力进行试验。

（6）液压试验应缓慢升压，待达到试验压力后，稳压 10 min，再将试验压力降至设计压力，停压 30 min，检查压力表有无压降、管道所有部位有无渗漏，以压力不降、无渗漏为合格，如图 8-3 所示。

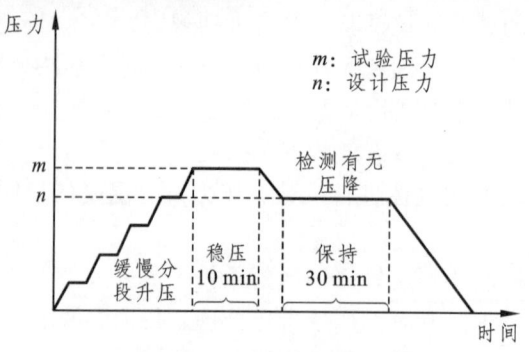

图 8-3　液压试验

四、气压试验实施要点

（1）承受内压钢管及有色金属管试验压力应为设计压力的 1.15 倍，真空管道的试验压力应为 0.2 MPa。

（2）采用干燥洁净的空气、氮气或其他不易燃和无毒的气体。

（3）试验时应装有压力泄放装置，其设定压力不高于试验压力的 1.1 倍。

（4）试验前，应采用空气进行预试验，压力试验宜为 0.2 MPa。

（5）试验时，应缓慢升压，升压至试验压力的 50%时，如未发现异常或泄漏，继续按 10%逐渐升压，每级稳压 3 min，至试验压力后稳压 10 min，再将压力降至设计压力，如图 8-4 所示。用发泡剂检验无泄漏为合格。

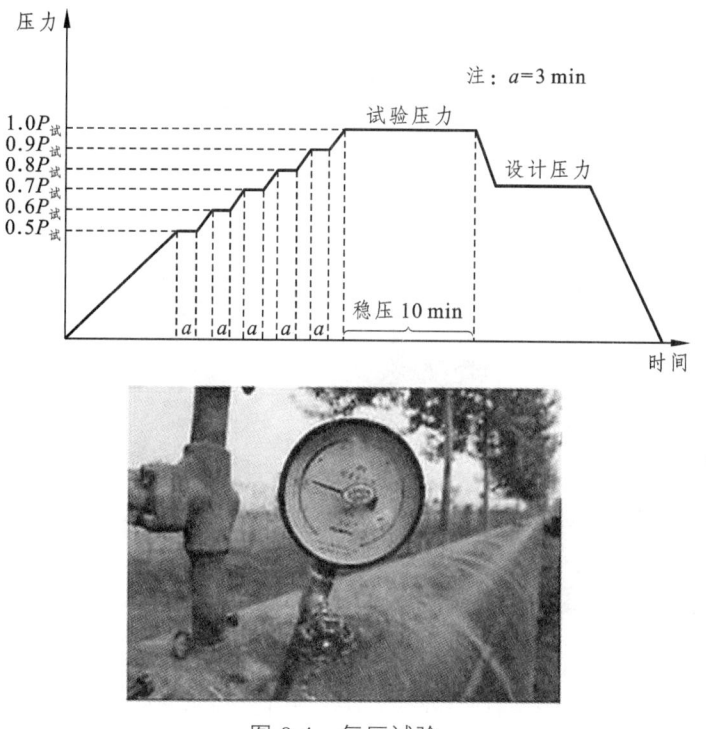

图 8-4 气压试验

五、泄漏性试验

泄漏性试验是以气体为试验介质，在设计压力下，采用发泡剂、显色剂、气体分子感测仪或其他手段检查泄漏点的试验（见图 8-5）。泄漏性试验有以下规定：

（1）输送极度和高度危害介质、可燃介质的管道，必须进行泄漏性试验。

（2）试验应在压力试验合格后进行，试验介质采用空气。

（3）试验压力为设计压力。

（4）可结合试车一并进行。

（5）应逐级升压，达到试验压力停压 10 min 后，采用涂刷中性发泡剂的方法，检查阀门填料函、法兰或螺纹连接处、放空阀、排气阀、排水阀等所有密封点有无泄漏。

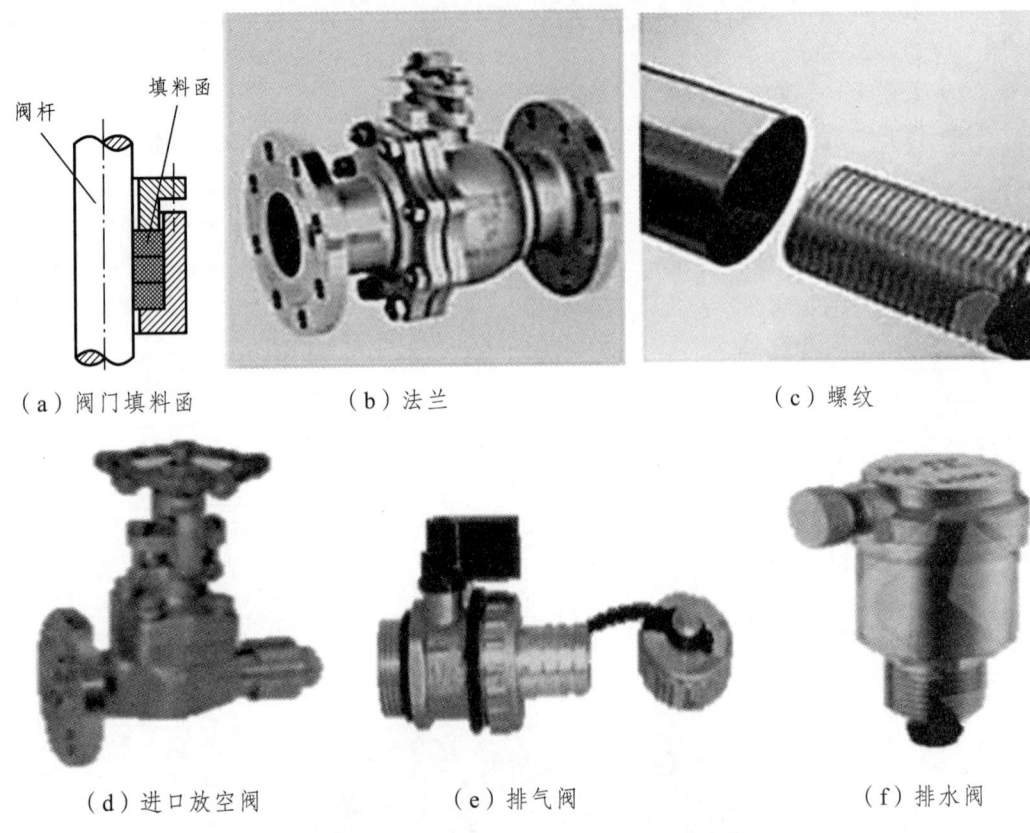

（a）阀门填料函　　（b）法兰　　（c）螺纹

（d）进口放空阀　　（e）排气阀　　（f）排水阀

图 8-5　主要需检测的部件（采用涂刷中性发泡剂的方法）

六、核电管道系统压力试验

核岛辅助管道中，管道压力试验的类型有：水压试验、气压试验。

管道压力试验的一般顺序是：安装→试压（气压、水压）→吹扫→冲洗→竣工验收。

（一）水压试验

1. 适用范围

水压试验适用于除 EM2 的一回路主管道和仪表管道外的所有级别的设备和管道。

核电站核岛辅助管道中，压力试验是在系统调试前，对所有管道系统（管道和焊缝）包括阀门（安全阀除外）等进行的全面的强度试验。除了对输送气体的（主要指压缩空气和氮气）管线进行气压试验外，其他所有的不锈钢管道和碳钢管道均需进行水压试验（除非试验流程图 TFD 中另有说明）。

2. 水压试验的有关规定及技术要求

(1) 先决条件：

① 水压试验前必须编制质保数据包（QADP），质保数据包的所有文件需经业主检查确认，满足条件后才可以进行。

② 水压试验必须有一个 VFT（可进行试验的有效状态）状态的试验流程图 TFD。压力试验的各种信息将在 TFD 文件上提供，包括：等轴图图号、支架图号的管线详细清单（VFT 状态）、试验压力、周围环境温度、试验流体类型，充水（气）、排气、加压（泵）、排水（卸压）、连接压力表、连接温度指示器（如需要）、连接安全装置（安全阀）、在试压泵出口的控制阀后设置的临时系统装置、临时盲板设施（及其规格）、阀门状况（包括开启或关闭细节）等各项接口和支管的位置。

③ 待试验管道系统必须已基本安装完工并已提交满足合同要求的无损检验结果，所有必需的完工操作（表面光洁度，清洁度，标记等）也已完成。

④ 需检查试验设备和消耗品的可用性与良好状况，所有设备和消耗材料必须具备且处于完好的操作状态。特别要对试验用的监测仪器和控制指示仪器的标定有效期进行认真检查。

当以上条件具备时，水压试验必须事先得到业主的批准，方可进行水压试验。水压试验日期和时间须征得业主以及受命的现场安全组织（如果需要）的同意。试压前按 TFD 要求调整阀门的开/关状态，安装临时设施（见图 8-6、图 8-7），然后向系统充水。系统水压试验用水由业主提供，业主提供的水质检验报告应附在试验报告上（根据 RCCM F6600）。

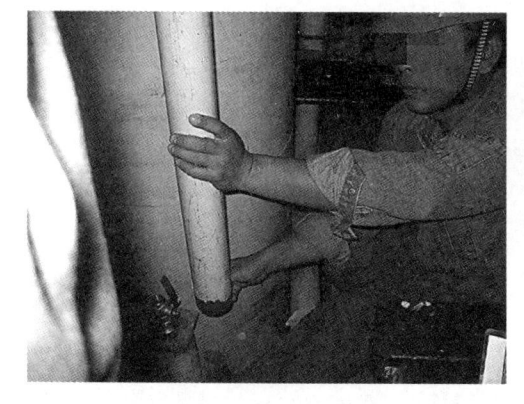

图 8-6 试压前安装临时阀门　　　图 8-7 已安装好的压力表

(2) 预先规定（通用规定）：

① 水压试验时，所有要检查的表面应清洁，不允许有任何影响检查质量的物质。

② 设备或试压回路上部要考虑排气的可能性，下部要考虑疏水的措施。

③ 待试验的回路周围应畅通，并准备一些有助于全面检查它们外表面的脚手架、跳板等。

④ 膨胀节及波纹软管不必做试验，且必须采取相应的措施隔开。

⑤在回路系统试验时，止回阀门应予以旁通，安全阀与系统隔开，喷淋系统做水压试验时，喷头应堵上。

（3）安全规定：

确保操作人员和其他人员安全的一切必要措施，特别是在试验区域设置安全警示设施，试压区域禁止无关人员进入，如图 8-8 所示。

图 8-8　安全警示设施

（4）试验用水温度：

①试验用水温度应与设备材料的力学性能相匹配。对于铁素体钢制造的设备或管道，要采取避免脆性断裂危险的必要预防措施。

②在任何情况下，水温要足够高，以保证进行水压试验设备和管道无结冰的危险。

（5）升压及升压速度：

①只有在设备的温度稳定后方能升压（见图 8-9）。

②无特殊要求时，升压速度不应超过 1 MPa/min（10 bar/min）。

③在达到试验压力的 95%时，要维持一段时间以使压力平稳（见图 8-10）；随后继续逐渐加压，直至试验系统最高点处达到试验压力。压力维持时间应足够保证承包商 QC（两级）和业主进行联合检查。

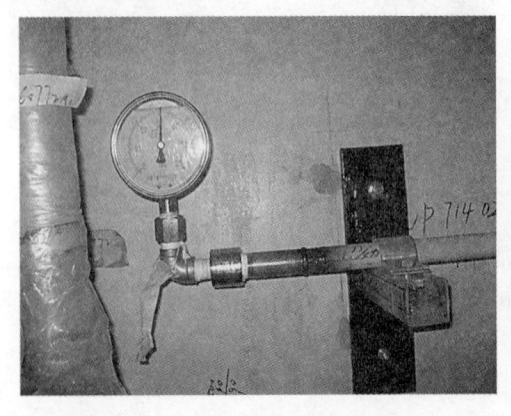

图 8-9　试压过程中进行升压　　图 8-10　试压过程中进行稳压

④ 当按照设计技术规格书的规定，需要测量变形时，应留有一定中间压力保持时间，各个中间压力保持时间应与部件或回路检查相适应。

（6）环境温度：

水压试验必须在大于水冻结温度 4 ℃ 以上条件下进行。

（7）水压试验压力及保持时间：

① 管道回路试验压力不应低于运行中最高压力的 1.5 倍、最低设计压力的 1.1 倍。

② 压力保持时间至少满足对试验系统进行全面检查。

（8）水压试验后管道的湿保养（见图 8-11）：

水压试验后，系统 ASG、RRI、DEG、DEL 中的水降压至湿保养压力后保留，并加以适当的警告标记进行湿保养，直到相关子系统（部分 EESR）中的最后一个水压试验回路已完成。

图 8-11　RRI 系统湿保养管道

（9）验收准则：

① 管道的外壁和焊缝处无泄漏则可接受。

② 这些泄漏量不影响试验压力的保持（加水或不加水）。

③ 如果管道无明显永久变形，就可接受。

④ 在整个试验压力维持时间内，压力表读数必须保持恒定。

（二）气密性试验

1. 适用范围

气密性试验适用于除 EM2 的一回路主管道和仪表管道外的所有级别的设备和管道。

在核电站核岛辅助管道中，对输送气体的（主要指压缩空气和氮气）管线须进行气密性试验。

2. 技术要求

（1）试验要求：

① 若试验压力大于 4 bar，从设备的安全角度考虑，应禁忌使用气，在此情况下管

道可以采用水压试验代替气密性试验。

② 如果泄漏实验采用涂肥皂水的方法进行检测，则压力不得超过 3bar。

③ 试验用的气体不能是易燃或有害的。

（2）试验压力：

① 气体试验压力要不低于组成回路系统的各设备最低设计压力的 1.25 倍。

② 气压试验的压力在任何时候都必须低于 4 bar。

（3）加压要求：

进行试验的设备压力逐渐升至不超过试验压力的一半，然后以试验压力的 1/10 左右值进行分步升压，直到升至规定的试验压力，保持试验压力不少于 10 min；之后压力要降至下列两个压力值中的大者：① 规定的设计压力；② 试验压力的 3/4。然后保持足够的时间，以便检查设备的密封性。

3. 验收准则

（1）试验压力稳定状态下的目检：

沿管道和系统装置及管道系统的焊缝均无泄漏时才可验收。

（2）保持试验压力的监测：

在整个试验压力保持过程中，压力表读数必须保持恒定。如果超过预定时间后略有波动（30 min 的压力降小于 1%），只要证明压力降是在临时垫片处有泄漏造成的（不允许永久性密封垫处有任何泄漏），则不影响试验的有效性。

（3）肥皂水试验（见图 8-12）：

将肥皂水涂在焊缝处后，若出现气泡，说明有泄漏现象（在焊缝处不得有泄漏存在），如查明漏气出现在阀门填料处或密封垫片处，则应拧紧阀门或增大紧固力矩（紧固力矩值在原值基础上增加 10%），以消除泄漏。

图 8-12　用肥皂水进行焊缝检查

第三节　管道系统的吹扫与冲洗

　　管道系统压力试验合格后，应进行吹扫与清洗。吹扫与冲洗前，应先编制吹扫与清洗方案，方案内容包括：① 吹扫与清洗程序、方法、介质、设备；② 吹扫与清洗介质的压力、流量、流速的操作控制方法；③ 检查方法、合格标准；④ 安全技术措施及其他注意事项。

　　管道吹扫与清洗的方法应根据对管道的使用要求、工作介质、系统回路、现场条件及管道内表面的脏污程度确定。

一、管道内部清洁的先决条件

（1）管道符合性检查结束。
（2）在线部件的拆除。
（3）临时管线的连接。
（4）编制方案通过审核。
（5）人员培训合格上岗。
（6）机具材料准备等。

二、管道吹扫、冲洗的一般原则

（1）洁净的压缩空气和冲洗水。
（2）管线支架固定。
（3）吹扫、冲洗口警戒隔离。
（4）吹扫、冲洗的顺序：先主管，后支管；先大管，后小管；分区分段吹扫。

三、管道内部的清洁方法

（一）压缩空气吹扫

压缩空气吹扫适合输送气体介质或空气的管道（这些管道永不充水）系统清洁。
（1）使用无油、干燥的压缩空气。
（2）吹扫范围内的管道已安装完毕且已 RT 合格。
（3）管道的吹扫口应警戒隔离（见图 8-13）。
（4）不允许吹扫的管道附件已用模拟件代替，如孔板、调节阀、节流阀、止回阀、过滤器、喷嘴、仪表等。

（5）逐个打开阀门，对管道进行吹扫。压缩空气的最大压力为 400 kPa。

图 8-13 管道的吹扫口应警戒隔离

（二）高压水冲洗

高压水冲洗适合输送液体的管道系统清洁（见图 8-14）。

（1）在管道冲洗前，必须对管道系统内在出厂时已经达到清洁度要求的容器、箱罐等设备实施隔离。

（2）用洁净水冲洗。

（3）利用在线泵进行动力开放式冲洗。

（4）系统冲洗合格后应及时进行系统临时部件复原。

（5）管道系统冲洗试压合格后，如系统设备在较长时间内不会使用，应对设备进行湿保养或干保养。

图 8-14 高压水冲洗管道

（三）重力水冲洗

重力水冲洗适合直径 $\phi \leqslant 3"$ 的不锈钢管道和所有碳钢管道的内部清洁。

（1）冲洗管道不得与相关设备连接。

（2）用流动的 A 级软化水通过管道系统进行冲洗。
（3）先在管内注满洁净水，靠水的重力将水依次由冲洗管内的各个低位排水口排出。

四、清洁度检查要求

（一）碳钢管道

碳钢管道的检查标准：
（1）目视检查：白布外观应是湿润的，大量的锈蚀沉淀物可接收。
（2）冲洗检查：不允许有能明显观察到的有机颗粒或异常外来物存在（油、磨料等）。

（二）不锈钢管道

不锈钢管道检查标准：
（1）目视检查：白布外观应是清洁、湿润的，仅有少量污物存在（泥、铁锈）。
（2）白布检查：不允许有能明显观察到的有机颗粒或异常外来物存在（油、磨料等）。

第四节　管道系统的防腐与保温

一、管道的防腐涂装

（一）防腐的目的

金属管道敷设于空气或土壤中，由于化学、生物和电化作用，会使金属管道的外表面和内壁不断被腐蚀破坏。为了减少和避免这种金属腐蚀，延长金属的使用寿命，应采取相应的防腐措施。

（二）涂装工艺流程

管道防腐涂装的工艺流程如下：施工准备→表面去污除锈→调配涂料→刷漆或喷漆（底漆、中间漆、面漆）→养护→检验→交付使用。

（三）去污除锈方法

（1）金属表面去污除锈方法：人工除锈、机械除锈、喷砂除锈。
（2）化学除锈方法：酸洗、钝化、清洗、干燥。

（四）施工准备

（1）材料准备：涂料、稀释剂、固化剂。

（2）工机具准备：砂布、刷子、空压机、喷枪、防护用品、消防设施。

（五）油漆涂刷施工方法

油漆涂刷施工方法有：手工涂刷、浸涂、喷涂法。

（六）防腐涂装的相关技术要求

（1）环境要求：规定的温度、湿度，不得在环境恶劣的室外施工。
（2）防腐设备已通过相关的压力试验（若需要）。
（3）金属表面处理已合格。
（4）仔细阅读并知晓涂料的使用说明书（混合比例、涂装厚度、涂装间隔等）。
（5）在第一遍漆膜完全干透后才可涂刷第二遍（慢干）。
（6）规定涂层的缺陷及修改方法。

二、管道的保温与隔热

（一）保温隔热的目的

保温隔热的目的是：防止管道或设备内的介质热量或冷量的损失，以节约能量。

（二）保温设计的基本原则

保温设计的基本原则是：在符合减少散热损失、节约能源的前提下满足工艺要求，保持生产力，提高经济效益，改善工作环境，防止烫伤等。

（三）管道的绝热层结构

管道的绝热层结构包括：绝热层、防潮层、保护层。

（四）常用的保温隔热材料

常用的保温材料：软木、沥青膨胀珍珠岩、沥青膨胀蛭石、玻璃棉毡等。
常用的隔热材料：岩棉、耐高温玻璃棉、硅酸铝、微孔硅酸钙等。

（五）保温与隔热的相关技术要求

（1）管道需在防腐涂装且试压合格后，方可进行保温隔热施工，若需先做保温层，则必须把焊口留出，待试压合格后才进行后续工作。
（2）当保温层厚度>100 m，且需多层保温时，应分层保温，同层接缝应错开压实。
（3）水平管道的外金属保护层的纵向接缝位置，不得布置在管道垂直中心线45°范围内。
（4）水平管道的外保护层，应上层盖下层（防止雨水漏入保温层）。

三、管道防腐涂装的注意事项

（1）施工人员通过质保、安全培训合格后方能上岗。
（2）施工前进行相关技术交底。
（3）个人劳保及防护用品应准备到位。
（4）施工环境通风良好，防止中毒。
（5）油漆存放地应通风良好、远离火源，消防设施配备齐全。
（6）在施工场所，油漆量不能存放过多。
（7）缝扎矿渣棉时，对面二人错开站立。
（8）系统运行后，要穿戴好防护用品才能接触裸露的管道或设备。注意防止烫伤或冻伤。
（9）正确安全地使用工机具。
（10）严格遵守安全施工规定。
（11）妥善保护成品。

思考与练习

1. 管道系统主要有哪些试验？
2. 管道系统压力试验的先决条件有哪些？
3. 写出管道水压试验的过程及技术要求？
4. 管道系统气压试验与液压试验有什么区别？
5. 管道系统泄漏试验有什么要求？主要检查哪些部位？
6. 管道系统吹扫与清洗的方法与哪些因素有关？
7. 常用的管道系统吹扫与清洗方法有哪些？
8. 管道为什么要防腐涂装？有什么技术要求？

第九章
核电管道工程施工管理

- 第一节 安全文明施工管理·················· 200
- 第二节 质量管理·················· 206
- 第三节 班组管理·················· 209
- 思考与练习·················· 220

安全施工管理是一个系统工程，需要所有参与者的共同努力和持续管理才能有效实施。通过这些措施，可以最大限度地减少施工现场的安全风险，保障人员和财产的安全。

在施工过程中必须认真贯彻执行安全技术规则，人人重视安全工作，把安全管理方针放在首位，安全第一，预防为主，综合治理，防止各类事故的发生。

第一节　安全文明施工管理

一、安全教育的方法

安全教育的方法多种多样，主要包括：对新进场员工的三级安全教育；特种作业人员的岗位培训；经常性的安全教育；安全意识的宣传教育；复工人员的安全教育；违章者的安全教育等。

二、安全施工的基本要求

（1）持证进出现场，主动配合保安人员检查，与施工无关人员一律不准进入施工现场。

（2）进入现场/车间前必须要穿戴好个人安全防护用品。

（3）特种作业人员如起重工、焊工等必须要在资格认证范围内作业，严禁非特种作业人员从事特种作业工作。

（4）现场人员应保护现场的安全、卫生设施、设备器材，并对其因违章而造成的损坏负责；未经批准，任何人不得任意拆除、移动安全防护设备、设施，安全装置和安全禁止、警告、指令、提示等标志。

（5）不得擅自进入其他工作人员建立的工作区域，如吊装区域、动火区域；禁止开动和触动与自己工作无关的设施、设备。

（6）作业区域必须有足够的光线照明，夜间作业必须设置足够强度的光照照明。

（7）发生安全事故，必须立即向上级主管领导和安全工程师报告，并协助调查事故发生的原因，按照"四不放过"的原则处理安全事故，并制定安全防范措施。

三、安全施工管理

（一）正确使用个人劳保用品

（1）进入工业厂房、户外作业现场的人员，必须穿戴基本防护用品：安全帽、劳动防护服（连体服或分体工作服）、安全鞋。施工"三宝"：安全带、安全帽、安全网。

（2）施工时按规范穿着劳动防护用品（见图9-1）。

（3）安全帽的佩戴要求：

① 佩戴安全帽，必须系好下颌带，适当旋紧帽后的调整旋钮。

② 长发需妥善绑扎，盘到安全帽内（见图9-2）。

图 9-1　施工安全防护用品

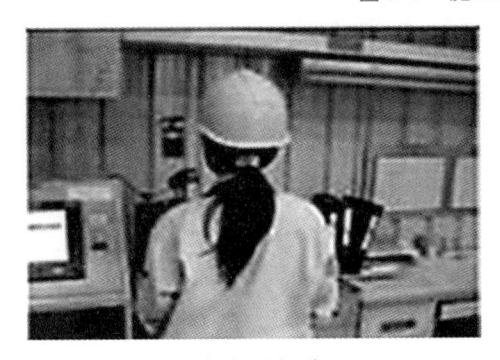

（a）不规范 　　　　　　　　（b）规范

图 9-2　安全帽的佩戴要求

（二）安全文明施工管理

1. 建立班组施工安全管理制度

（1）建立安全生产责任制度。建立安全组织机构，班组设置专职安全员，落实主体责任人，谁主管、谁负责，施工人员是第一责任人。

（2）建立安全生产教育制度：

① 对新入职员工进行入厂"三级教育"和具体工种岗位的安全知识教育。

② 对操作新设备、新机具的工人必须进行安全教育,掌握操作方法并经考核合格,方可上岗操作。

③ 经常性进行安全专项教育、典型事故案例教育。

(3) 施工现场的安全布置:

① 施工现场布局合理。

② 物资摆放有序整齐。

③ 防护设备完备。

2. 班组文明施工

(1) 对于一些常用的工机具,可以以"作业组"为单位进行管理,每个作业组负责管理本作业组领用的工机具;班长要建立台账,定期检查各作业组工机具的保管情况。

(2) 班组领用的工程材料应建立台账,包括材料的名称、LRCM、规格、数量等。

(3) 对于需定期标定的器具,需组织建立专门的台账。

(4) 存放现场的材料应摆放整齐有序,不锈钢、碳钢应分开存放。

(5) 施工操作地点和周围必须清洁整齐,做到活完场清,施工垃圾集中存放。

(6) 施工余料及时回收清退。

(7) 施工作业区严禁吸烟,严禁大小便。

四、典型的管道施工操作安全技术

(一) 电动工机具操作安全技术

(1) 使用的电动工具必须有经专门检查/试验合格的标签。安全工程师将定期对在现场使用的电动工具进行监督检查,杜绝使用不安全的电动工具,发现使用不合格、不安全的电动工具,将制止其使用。

(2) 用电设施/设备有漏电保护装置,必须确保所使用的电动工具的保护接地或接零正常,确保工具处于可正常使用的状态,严禁工具带"病"作业;禁止带电作业、维修,检修必须验电、检查接地。

(3) 所有电动工具的电源插头必须是防水的,电源线无破损、无接头,工具电源线没有裸露线;作业前应检查工具、插头、插座有无破损,若有破损则不能使用;电源线严禁浸泡在水中。

(4) 非专业电工不得打开配电箱、开关箱,出现故障要联系该配电箱、开关箱负责人处理;漏电保护跳闸后,必须检查原因,不得强行送电。

(5) 使用电动工具时,要佩戴与之相应的安全防护用品,如切割打磨作业要佩戴切割防护面罩;注意使用环境,如在潮湿环境中作业时,要进行防潮并要佩戴绝缘性安全保护用品;按照规范正确安全地操作使用电动工具。

(6) 移动用电设备工作停顿(15 min)或完工,应断开电源;手持照明灯具使用 24 V

以下的电源供电；在潮湿和金属容器内作业，使用的照明电压不得超过 12 V。

（二）高空作业安全技术

相对高差 2 m 的作业即高空作业。

（1）从事高空作业的人员，在作业前应进行身体检查，凡是患有高血压、心脏病、贫血、癫痫以及其他不适合高空作业的疾病，不得从事高空作业。

（2）攀爬时，双手不拿任何物品；高处作业的平台、走道、斜道等要装设防护栏杆（高 1.1 m，50～60 cm 处设横杆）或设立防护网；在稳固挂点上系安全带，且高挂低用；使用绳索传递物品，不抛掷。

（3）高处作业中所用的物料，均应堆放平稳，不妨碍通行和装卸；工具应随手放入工具袋；作业中的走道、通道板和登高用具，应随时清扫干净；拆卸下的物件及余料和废料均应及时清理运走，不得任意乱放或向下丢弃。

（4）对进行高处作业的高层建筑物，应事先设置避雷设施，遇上六级及以上强风、浓雾等恶劣天气，不得进行露天攀登与悬空高处作业。台风、暴雨后，应对高处作业安全设施逐一加以检查，发现有松动变形、损坏或脱落等现象，应立即修理完善。

（5）特高空施工作业需开具作业许可票。

（三）管道动火作业安全技术

（1）在作业之前开具动火作业票。

（2）在作业之前，应先检查周围环境有无易燃、易爆物品等，避免发生火灾和爆炸事故。

（3）在作业之前，必须详细检查乙炔瓶、氧气瓶气压表、焊把开关、气带等，必须处于正常状态下方可进行操作。

（4）乙炔瓶与氧气瓶的放置必须距离工作场所 10 m 以外，乙炔瓶与氧气瓶互相距离在 5 m 以外，并要避开高温、烟火、油脂物及高压线等，以防止发生火灾和爆炸事故。

（5）两人以上同时在一处进行施焊时，使用的气体胶皮软管不可混在一起。高空作业时，乙炔瓶和氧气瓶不许放在垂直下方，并要检查下方有无易燃、易爆物品，防止火花落下发生火灾和爆炸事故。

（6）为了防止氧气瓶或乙炔瓶爆炸，严禁手上及工具上带有油脂接触气瓶，气瓶应始终保持清洁。如发现氧气瓶、乙炔瓶咀或调节器等部位有油脂等，即使数量很少，也应立即停止工作。

（7）切割打磨现场应用防火挡板隔离。

（四）密闭空间、窒息场所作业安全技术

（1）窒息环境和密闭场所应以实体围栏或警示带划定警戒区域，并有专人进行警戒，在醒目位置挂警示标志。

（2）在作业之前开具"密闭空间作业票"。

（3）作业前应测氧，作业中应持续检测氧含量。

（4）所有的入孔、出入口、料孔等处于打开状态进行自然通风，如果自然通风达不到要求，应增设机械通风方式，即往作业场所鼓入新鲜空气。

（5）照明电压必须≤24 V，在特别潮湿、狭小的环境内应≤12 V。

（6）应设置作业监护和作业清点制度，配备就地通信和应急呼吸器。

（五）管道试压及吹扫安全技术

（1）管道试压前，应检查管道与支架的紧固性和盲板的牢靠性，必要时应采取临时加固措施，确认无问题后才能进行试压。

（2）试验压力必须按照设计要求进行，不得随意增减。管道试压时，应划定危险区域并安排专人警戒，禁止无关人员进入。

（3）升压或降压都应缓慢进行，如有泄漏，禁止带压修理。

（4）管道吹扫的排气点应接至室外安全地点，支撑应牢固。

五、核电管道施工安全管理及核文化

（一）核电管道施工安全管理

1. 严格的设计和材料选择

核电站的管道系统设计必须满足高标准的要求，包括密封性、强度和可靠性。这涉及精确的工程设计和合适的材料选择，以确保管道能够承受运行中的压力和温度，同时防止任何形式的泄漏。

2. 专业的施工技术

施工工艺在核电管道安装中至关重要。这包括精确的切割、焊接、弯曲和连接技术，以及严格的质量控制过程，确保所有安装工作都符合设计规范和安全标准。

3. 全面的安全管理体系

核电企业需要建立一个完善的安全管理体系，全面落实安全生产责任制，持续提升安全管理水平。这包括核安全监管、核应急响应和核安保能力的不断增强，以确保核电安全得到全面和有效的保障。

4. 高效的沟通协调

由于核电示范工程的特殊性，如设计未固化或设计验证未完成等因素，项目工程在建设过程中可能会遇到许多困难。因此，高效的沟通和协调机制对于解决这些问题至关重要。

5. 丰富的经验总结

在施工过程中，管理人员应及时总结经验、教训，为后续的核电管道安装工程管理提供有益的借鉴。这有助于不断提高施工效率和质量，减少潜在的风险。

6. 严格的材料采购流程

材料的质量和来源对于核电站的安全至关重要。因此，材料采购必须经过严格的审查和控制，以确保所有使用的材料都符合最高的安全标准。

7. 持续的质量监督

在整个施工过程中，需要进行持续的质量监督和检查，以确保所有的施工活动都符合既定的安全标准和规范。

8. 人员培训与教育

所有参与管道施工的人员都必须接受适当的培训和教育，以确保他们了解相关的安全规程和操作指南。

9. 预防措施和应急准备

制定详细的预防措施和应急准备计划，以应对可能发生的事故和紧急情况。

10. 合规性和法规遵循

确保所有施工活动都符合国家和国际的法律法规要求以及行业标准和最佳实践经验。

11. 技术创新与应用

鼓励采用新技术和新方法来提高施工效率和安全性，例如使用先进的检测设备和自动化工具。

总的来说，通过上述措施，可以确保核电管道施工的安全性，从而保障核电站的长期稳定运行。

（二）核安全文化

1. 核安全文化的产生背景

核安全文化的产生背景与核电站的安全特性密切相关。由于核电站的高危险性和公众对安全性的高期望值，传统的法规和硬件设施虽然能够提供一定程度的安全保障，但研究发现，大多数核电站事故并非由设备故障引起，而是直接或间接由人为失误导致。这一点在世界核电史上的两次重大事故——1979年美国三英里岛核电站事故和1986年苏联切尔诺贝利核电站事故中都得到了证实。

2. 核安全文化包括的主要内容

（1）价值观和理念：企业法人及管理人员应具有强烈的核安全意识和正确的安全理念。

（2）管理制度：建立和执行科学的企业核安全管理制度。

（3）具体行为：接触辐射的工作人员在日常工作中应具备对核安全的认知并遵守相应的安全操作规程。

3. 在推行核安全文化过程中应注意的问题

（1）树立正确的核安全观：理性、协调、并进的安全观念是基础。
（2）构建政策法规体系：需要建立一套完整的核安全政策和法规体系作为支撑。
（3）实施有效监管：通过科学有效的安全监管来确保核安全文化的实施。
（4）保持高水平安全：持续提升安全技术水平，保持高标准的安全管理水平。
（5）共建共享氛围：营造一个人人都参与进来的核安全共建共享氛围。
（6）打造命运共同体：国际社会应共同努力，打造一个核安全命运共同体。

综上所述，核安全文化不仅是技术和管理的问题，更是一种涉及人的行为和心态的深层次文化。它要求每个参与者都要有高度的安全意识，同时在实际工作中严格遵守安全规程，共同维护核能的安全利用。

第二节 质量管理

一、质量管理概述

质量管理是确保产品或服务满足客户要求和社会规定的一套管理活动和系统方法。以下是质量管理的主要内容和组成部分：

（1）质量方针和目标：确定组织在质量管理方面的指导原则和具体要达到的目标，这有助于整个组织在提供产品或服务时保持一致的质量标准。
（2）质量体系：建立一套完整的质量管理体系，包括质量策划、控制、保证和改进等环节，确保各个环节都能有效地贯彻质量方针和达到质量目标。
（3）全面质量管理：费根堡姆提出的定义强调了从市场研究、设计、制造到售后服务全过程的质量活动整合，以确保在最经济的水平上充分满足顾客要求。
（4）国际和国家标准：按照国际和国家关于质量管理的标准来指挥和控制组织的协调活动，确保质量方面的各项工作得到妥善执行。
（5）质量管理部门：该部门负责识别和保证产品质量，向管理层报告质量问题，并有权因质量问题停止生产和禁止出货。
（6）质量管理工具：运用各种质量管理工具，如五大核心工具来提高管理效果和效率，同时避免和解决浪费的问题。
（7）质量管理职能：QA（质量保证）、QC（质量控制）、QE（质量工程师）等是质量管理中的不同职能和角色，它们各自承担不同的职责和任务。

总的来说，质量管理是企业管理中的重要组成部分，它通过一系列的管理活动和制度安排，以确保产品和服务的质量得到保障，从而提高客户满意度和组织的整体效率。

二、质量管理控制

从"扁鹊自责"看质量管理：

魏文王问名医扁鹊："你们家兄弟三人，都精于医术，到底哪一位医术最好呢？"扁鹊回答："长兄最好，中兄次之，我最差。"魏文王吃惊地问："你的名气最大，为何说长兄的医术最高呢？"扁鹊惭愧地说："我扁鹊治病，是治于病情严重之时。一般人看到我在经脉上扎针、在皮肤上敷药，都以为我的医术高明，所以名气响遍全国。我中兄治病，是治于病情初起之时。一般人以为他只能治轻微的小病，所以他的名气只限于本乡里。而我长兄治病，是治于病情发作之前。由于一般人不知道他能事先铲除病因，所以觉得他水平一般，但在医学专家看来他的水平最高。"

质量管理如同医生看病，治标不能忘固本。单纯的事后质量控制存在严重危害。首先，因为缺乏过程控制，生产的下游环节无法及时向上游环节反馈整改意见，造成大量资源浪费；其次，因为上游环节相互间缺乏详细的标准，造成各部门之间互相扯皮，影响企业凝聚力，大大降低了生产效率；再次，员工的安全意识会下降，安全意识下降会造成质量事故频发；第四，严重的质量事故会影响企业的声誉，导致产品滞销甚至停产停业或招致巨额索赔，给企业造成严重经济损失。

既然事前控制和事中控制如此重要，那如何提高事前控制和事中控制的执行力呢？

（一）实施质量计划

核电站核岛管道安装工作必须实施质量计划。

在 RCCM 中有明确规定。质量计划（工作计划、任务单）是为具体项目制定的指示性文件，是用来对安装和检查操作进行跟踪并记录的文件。

1. 质量计划的内容

质量计划中规定了以下内容：

（1）按时间顺序所确定的操作步骤。
（2）每步操作所采用的适用工作程序和最新版本标准。
（3）要见证的通知点。
（4）检查签字的部门。

质量计划中的重要操作是由工程公司及项目质检部门设定的"质量管理通知点"：

C 点（Check Point）——见证点（只针对 QC1）。
W 点（Witness Point）——见证点。
H 点（Hold Point）——停工待检点。
H 点是严禁跨越的，否则可能导致所有前期操作拒收。

2. 质量计划的适用范围

质量计划（QUALITY PLAN）：用于质保（QA）分级中 Q1、Q2、Q3 级的活动（如 RCCM 有级管道等）。

工作计划（WORK PLAN）：是一种特殊的质量计划，用于质保分级为 Q3 级的重复出现（大批量）的活动（如支架安装等）。

任务单（TASK LIST）：用于非 RCCM 级的活动（如 RCCM 无级管道等）。

（二）质量跟踪文件的正确填写方法

现以质量计划为例，简述其填写方法：

质量计划分为主质量计划（MASTER QUALITY PLAN）和典型质量计划（TYPICAL QUALITY PLAN），主质量计划包含了某项工作的各种可能情况，具体运用时从其中选出现场实际存在（应用）的部分，即成为典型（专用）质量计划，并为其编号，下面介绍典型跟踪文件的填写方法。

（1）封页：清楚地注明质保（QA）等级。
（2）设备号栏：填写管线号。
（3）文件号栏：填写三维制作图号。
（4）质保工作类别栏：填写所施工的管线的质保类别（等级）。
（5）典型质量计划编号栏：填写专用质量计划号（TQP）。

三、核电站安全质量文化

质量文化是企业文化的重要组成部分。"质量"实际上就是顾客满意度；"文化"则是一种共同的价值观和行为模式。质量本身就是一种文化、一种工作方式和态度，它要求我们做任何事都要从顾客需求出发，追求卓越，力求完美。

下面是红沿河核电站的核安全质量文化：

"一个原则"：预防问题，正确工作，一次做对，精益求精。

"二个第一"：安全第一，质量第一。

"三个认真"：事前认真计划，事中认真执行，事后认真检查。

"四个凡事"：凡事有章可循——书面程序；凡事有人负责——岗位职责；凡事有人检验——质量控制；凡事有据可查——质量记录。

"三老"：做老实人，说老实话，办老实事。

"四严"：严密的组织，严格的管理，严谨的作风，严肃的纪律。

质量意识、责任感和敬业精神是红沿河核电站工程质量文化的基础和核心：

（1）全体员工应有"人人遵守程序，人人执行程序""人人重视质量""质量与我有关"的质量意识。

（2）"第一次就把正确的事做正确"的"零缺陷"管理理念。

（3）"蓝色透明"文化：发现问题后及时报告、不隐瞒。

（4）质疑的工作态度、严谨的工作方法、互相交流的工作习惯。

第三节 班组管理

一、班组标准化管理

班组标准化管理是指在企业或组织中对班组的工作过程、方法和结果进行规范化、系统化管理的一种方式。它旨在通过建立一系列标准化的流程和规范，提高班组的工作效率和产品质量，确保安全生产，促进企业的稳定发展

班组标准化工作是指以制定和贯彻各项标准为主要内容，使班组工作形成制度化、程序化、科学化的活动过程。

企业标准主要通过班组工作进行贯彻，因此班组长工作标准化是企业标准化的重要组成部分。

（一）日工作标准化

（1）班前，查看交班簿和生产现场，检查班组人员出勤和生产准备情况，与调度联系工作，召开班前会等。

（2）班中，检查班组生产进度和劳动纪律，抽查产品质量，处理班组中出现的生产、技术、质量问题。

（3）班后，检查产品发交入库、在制品储备、设备工具使用保养、工作现场等情况，组织好班后会及其活动。

（二）班组班前会

1. 为什么要开班前会

（1）召开班前会是为了帮助员工识别并控制施工中的危害。危险伴随于整个施工过程，规避和消除危险取决于每个人对自身行为的有效控制。

（2）召开班前会是企业、单位、施工管理人员对工作者的责任。通过班前会使每位员工注意和认识到有可能发生的、影响身体健康和安全的危险因素，并通过积极方法进行预防和消除。

（3）班前会可以表明主管人员在工作中对安全和健康所承担的责任，是将安全施工推广至全员安全管理的必要方法。

2. 班前会的主要内容

（1）对昨天的工作进行总结。包括劳动纪律、进度完成情况、质量、安全等。把发现的问题提出来，教育全班组人员引以为戒，避免类似问题重复发生；把好的方面宣扬

出来，让全班组人员共同学习、共同提高，提升全班组人员的整体素质。

（2）分配工作。给每个作业组分配当天工作，下达施工任务，并提出工作要求，包括进度（工期）要求、质量要求、材料管理要求、工机具分配及管理要求、劳动纪律要求等。

3. 如何保证班前会的实效性

（1）会上尽可能利用实际使用的工具、设备和材料以及现场的实际情况作为会议讨论的重点。

（2）查找问题。运用自身的知识提出最好的解决方案。从各种渠道获得更多的信息和经验从而保障施工安全。

（3）要求班组成员共同讨论他们已经发现的问题。尽可能让每一位工作者都有参与讨论和发表自己意见的机会。

（4）班前会记录：班组安全工作日志要认真填写会议日期、工作内容和参加人员、交底人及风险评定人。参会人员必须自己签名（禁止代签现象）。班组安全工作日志要妥善保存，它是对安全工作轨迹的记录，具备可追溯性。

（5）班前会实施前，班组长应提前根据工作安排进行风险预测和分析，作出预防措施，直接在记录中体现，有利于员工签字时对当天作业风险和防护措施加深印象。

（三）周工作标准化和月工作标准化

1. 周工作标准化

周工作标准化，例如每周召开一次班组会，研究班组工作，总结上周工作，落实本周计划，提出完成各项工作的方针和措施，进行一次设备和生产现场清扫工作等。

2. 月工作标准化

每月召开三次班组会议，月初布置工作，月中检查工作，月末总结工作；召开一次工会会员民主生活会，开展自我批评，增强组织团结，加强班组民主建设；同时开展班组质量活动、安全活动、岗位练兵活动。

3. 原始记录台账标准化

班组原始记录和汇总台账应根据齐全、准确、及时、适用、系统、简便的要求，把原始记录的内容、形式、方法、传递程序、时间、要求、岗位责任形成标准（见图9-3），便于统计和检查。

图9-3 台账标准化

（四）场地标准化

场地采用 6S 标准化管理。

（1）整理（SEIRI）：将工作现场的所有物品区分为有用品和无用品，除了有用的留下来，其他的都清理掉，如图 9-4（a）所示。目的：腾出空间，空间活用，防止误用，保持清爽的工作环境。

（2）整顿（SEITON）：把留下来的必要的物品依规定位置摆放，放置整齐并加以标识，如图 9-4（b）所示。目的：工作场所一目了然，消除寻找物品的时间，整整齐齐的工作环境，消除过多的积压物品。

(a)　　　　　　　　　　　(b)

图 9-4　场地标准化

（3）清扫（SEISO）：将工作场所清扫干净，保持工作场所清洁、明亮，创造良好的工作环境（见图 9-5）。目的：稳定品质，减少工业伤害。

图 9-5　工作场所干净、明亮

（4）清洁（SEIKETSU）：将整理、整顿、清扫进行到底，并且制度化，经常保持工作环境处于整洁美观的状态（见图 9-6）。目的：创造整洁工作现场，维持上述 3S 推行成果。

（5）素养（SHITSUKE）：每位员工养成良好的习惯，并遵守规则做事，培养积极主动的精神（也称习惯性）。目的：促进良好行为习惯的形成，培养遵守规则的员工，发扬团队精神。

图 9-6　创造整洁工作现场

（6）安全（SAFETY）：重视员工安全教育，每时每刻都有安全第一观念，防患于未然。目的：建立及维护安全生产的环境，所有的工作应建立在安全的前提下（见图 9-7）。

图 9-7　建立及维护安全生产的环境

（五）工序操作标准化

工序标准化作业对工序质量的保证起着关键作用，工序标准化在工序质量改进中具有突出地位，工序质量受 5M1E，即人、机、料、法、环、测六方面因素的影响，工作标准化就是要寻求 5M1E 的标准化。

1. 人：生产人员

（1）生产人员符合岗位技能要求，经过相关培训考核。

（2）对于特殊工序，应明确规定特殊操作工序、检验人员应具备的专业知识和操作技能，考核合格者持证上岗。

（3）对有特殊要求的关键岗位，必须选派经专业考核合格、具备现场质量控制知识、经验丰富的人员担任。

（4）操作人员能严格遵守企业制度和严格按照工艺文件操作，对工作和质量认真负责。

（5）检验人员能严格按照工艺规程和检验指导书进行检验，做好检验原始记录，并按规定报送。

2. 机：设备维护和保养

（1）有完整的设备管理办法，包括设备的购置、流转、维护、保养、检定等均有明确规定。

（2）设备管理的各项规定均得到有效实施，有设备台账、设备技能档案、维修检定计划，有相关记录，记录内容完整准确。

（3）生产设备、检验设备、工装工具、计量器具等均符合工艺规程要求，能满足工序能力要求，加工条件若随时间变化能及时采取调整和补偿，保证质量要求。

（4）生产设备、检验设备、工装工具、计量器具等处于完好状态和受控状态。

3. 料：生产物料

（1）有明确可行的物料采购、仓储、运输、质检等方面的管理制度，并严格执行。

（2）建立进料验证、入库、保管、标识、发放制度，并认真执行，严格控制质量。

（3）转入本工序的原料或半成品，必须符合技术文件的规定。

（4）所加工出来的半成品、成品符合质量要求，有批次或序列号标识。

（5）对不合格品有控制办法，职责分明，能对不合格品进行有效隔离、标识、记录和处理。

（6）生产物料信息管理有效，质量问题可追溯。

4. 法：工序管理

（1）工序流程布局科学合理，能保证产品质量满足要求，此处可结合精益生产相关成果。

（2）能区分关键工序、特殊工序和一般工序，有效确立工序质量控制点，对工序和控制点能标识清楚。

（3）有正规有效的生产管理办法、质量控制办法和工艺操作文件。

（4）主要工序都有工艺规程或作业指导书，工艺文件对人员、工装、设备、操作方法、生产环境、过程参数等提出了具体技术要求。

（5）特殊工序的工艺规程除了明确工艺参数外，还应对工艺参数的控制方法、试样的制取、工作介质、设备和环境条件等做出具体规定。

（6）工艺文件中重要的过程参数和特性值已经过工艺评定或工艺验证；特殊工序主要工艺参数的变更，必须经过充分试验验证或专家论证合格后，方可更改文件。

（7）对每个质量控制点规定检查要点、检查方法和接收准则，并规定相应的处理办法。

（8）规定并执行工艺文件的编制、评定和审批程序，以保证生产现场所使用文件的正确、完整、统一性，工艺文件处于受控状态，现场能取得现行有效版本的工艺文件。

（9）各项文件能严格执行，记录资料能及时按要求填报。

（10）大多数重要的生产过程采用了控制图或其他的控制方法。

5．环：生产环境

（1）有生产现场环境卫生方面的管理制度。

（2）环境因素如温度、湿度、光线等符合生产技术文件要求。

（3）生产环境中有相关安全环保设备和措施，职工健康安全符合法律法规要求。

（4）生产环境保持清洁、整齐、有序，无与生产无关的杂物（可借鉴6S相关要求）。

（5）材料、工装、夹具等均固定位置整齐存放。

（6）相关环境记录能有效填报或取得。

6．测：质量检查和反馈

（1）应规定工艺质量标准，明确技术要求和检验项目、项目指标、方法、频次、仪器等要求，并在工序流程中合理设置检验点，编制检验规程。

（2）按技术要求和检验规程对半成品和成品进行检验，并检查原始记录是否齐全，填写是否完整，检验合格后应填写合格证明文件并在指定部位打上合格标志（或挂标签）。

（3）严格控制不合格品，对返修、返工能跟踪记录，能按规定程序进行处理。

（4）对待检品、合格品、返修品、废品应加上醒目标志，分别存放或隔离。

（5）特殊工序的各种质量检验记录、理化分析报告、控制图表等都必须按归档制度整理保管，随时处于受检状态。

（6）编制和填写各工序质量统计表及其他各种质量问题反馈单。对突发性质量信息应及时处理和填报。

（7）制定对后续工序包括交付使用中发现的工序质量问题的反馈和处理制度，并认真执行。

（8）制定和执行质量改进制度。按规定的程序对各种质量缺陷进行分类、统计和分析，针对主要缺陷项目制订质量改进计划，并组织实施，必要时应进行工艺试验，取得成果后纳入工艺规程。工序标准化对 5M1E 提出了明确要求，企业应将工序标准化工作纳入工序质量改进的整体计划之中。在制定相关标准化要求的基础上，通过工序质量的调查与分析，发现工序标准化各具体要求的执行偏差，进而采取改进措施。通过工序质量改进的持续循环，促进工序标准化的真正实现和持续改进，从而实现工序质量的持续改进。

（六）班组园地标准化

班组园地是展现班组风采、与外界交流学习的专栏（见图 9-8、图 9-9）。班组园地是搞好班组建设的阵地，对提高班组管理能力和员工素质等方面起着积极的作用。

图 9-8　班组园地

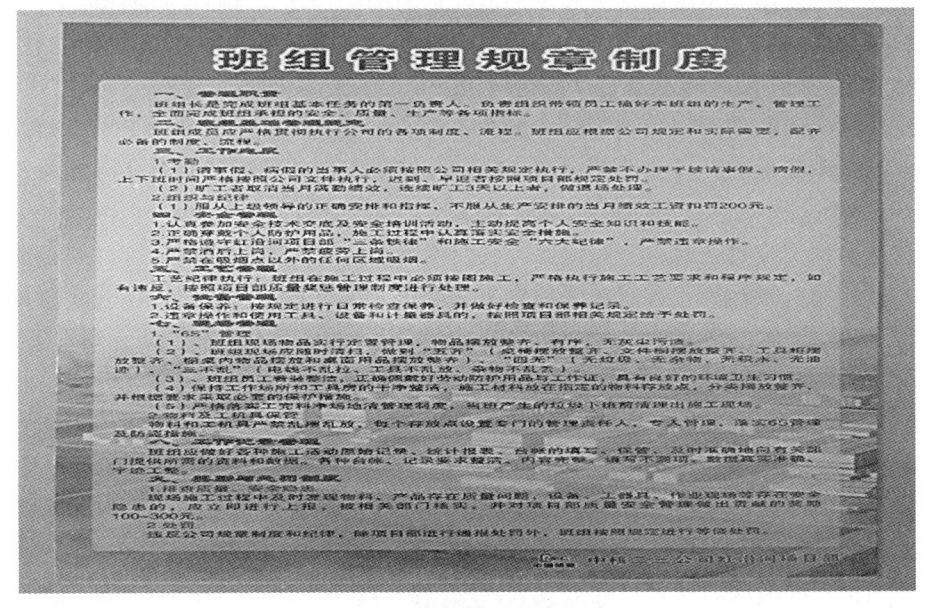

图 9-9　班组管理规章制度

二、班组施工管理

（一）成品保护

1. 不锈钢管道、碳钢管道

（1）各区域在适当位置设定不锈钢管道和碳钢管道临时存放点（需批准），严禁不锈钢管道与碳钢管道混合储存。

（2）不锈钢管道和碳钢管道临时存放点需用围栏防护，通过铺设枕木等形式防止不锈钢管道与地面及其他物料相接触，并在上方用防火布或塑料薄膜进行全面覆盖防护。

（3）不锈钢管道和碳钢管道临时存放点必须按规定张贴施工物料临时存放许可证。

（4）管道应摆放整齐，并确保管口均进行有效封堵。

（5）室外施工物料临时存放地点需进行统一规划，用围栏防护。

（6）施工班组根据现场安装进度将一周内安装的管道运入安装房间中。

（7）对不锈钢管道和碳钢管道临时存放点进行日常巡视检查，发现不符合上述要求时立即整改。

2. 阀门

（1）阀门安装前：

① 严格按照阀门的存储技术与维护要求执行。

② 根据现场安装进度向物资部仓库申请一周内安装的阀门。

③ 不同材质的阀门或其他物料应分开存放，严禁室外露天存放。

④ 阀门进出口必须进行有效封堵，禁止裸露。

⑤ 需对隔膜阀和主蒸汽安全阀下部组件中的法兰密封面进行硬性防护。

⑥ 阀门传动部分（如阀杆、电动头、气动头等）和精密部件（压力表、OC指示窗、限位开关等）需用防火布或塑料薄膜进行防护。

⑦ 不大于4 in的阀门统一临时存储在各分队集装箱库或工具房中，整齐摆放。

⑧ 规范中要求垂直存放的阀门应在临时存储阶段保持稳定的垂直状态。

（2）阀门安装后：

① 所有阀门临时功能牌、阀体铭牌、油嘴等防护时包裹于阀门外部，便于查看。

② 截止阀、闸板阀、蝶阀的阀杆裸露部位用防火布或塑料薄膜严密包裹，用透明胶带绑紧；顶部有OC指示窗的用防火布或塑料薄膜围成一套筒覆盖，顶部用端盖封盖，并用胶带绑紧。

③ 对于安装到位的阀门电动头和气动头，使用防火布或塑料薄膜覆盖保护，并用胶带绑紧；压力表缠绕保护，防止可视窗破损。

④ 调节阀的阀杆裸露部位用防火布或塑料薄膜严密包裹，并用透明胶带绑紧；引漏管及启动附件各管口用端盖封堵。

⑤ 主蒸汽隔离阀的安装位置上方和四周应制订详细的搭设防护棚方案并进行保护。

⑥ 隔膜阀、主蒸汽安全阀的上部组件安装前需对下部组件中的法兰密封面进行硬

性防护，所有现场安装的阀门禁止进出口裸露、无防异物保护。

3. 在线设备

（1）根据现场安装进度向物资部仓库申请一周内安装的在线设备。

（2）KD、DI、QD、SD、MD、FL、JD等在线设备以及垫片，统一临时存储在各分队集装箱库房或工具房中，整齐摆放在货架上，待安装时引入安装房间。

（3）KD、DI、QD、SD、MD、FL、JD等在线设备及垫片，临时存储时尽量保留厂家的保护、包装装置，并张贴醒目的标识。

4. 弹簧箱、阻尼器

（1）弹簧箱、阻尼器严禁露天存放。

（2）根据现场安装进度向物资部仓库申请一周内安装的弹簧箱、阻尼器。

（3）弹簧箱、阻尼器统一临时存放在各分队的集装箱库房或工具房中，待安装时再引入安装房间。

（4）弹簧箱、阻尼器临时存放时，尽量保留厂家的保护、包装装置，并在外包装上张贴醒目的标识。

（二）安装期间防异物管理

1. 管道安装

（1）小件工机具（如扳手、锉刀、螺丝刀、尺子等）使用前后要清点；大件机具（如力矩扳手、焊机、磨光机、电钻等）统一标定后发放。

（2）安装现场未施工的管道应确保管口均进行了有效封堵（统一使用管帽封堵），点焊后未能立即焊接的管口，用匹配的胶带（碳钢、不锈钢应区分）进行封口。

（3）2 in以下管道、3个折弯以上的管道，在焊接前用气体吹扫。

（4）使用标准氩气室，确保氩气室部件牢固可靠，部件不会脱落遗失到管道内，使用前后进行检查。

（5）注意水溶纸粘胶带的正确使用，防止胶带的粘纸遗留在管道内。

（6）滤网、垫片、在线部件，在安装前或拆除后都要检查其完整性。

（7）管道打磨时用的封堵物应完整可靠，且不伤害管材，防止封堵物遗留在管道内部，打磨后清理并取出封堵物。

（8）水压试验后返修焊口时，应尽可能避免碎屑落入管道内，切割完成后，手工清洁，对于手工无法清洁的，用吸尘器吸碎屑。

（9）管道焊接或栓接后，无法再进行内部清洁度检查的设备（如一般换热器、泵类设备）：机械队根据设备内部清洁度检查需要识别出需要保留的管口或法兰口，并在设备移交单中标识清楚。

（10）一般情况下，与正式物项相连的TSD（排水管除外），在连接前需通过冲洗或吹扫的方式进行防异物处理，并做记录。

2. 阀门安装过程

（1）阀门切除后，应确保管道两端管口均进行有效封堵。

（2）阀门解体后，小口径阀腔采用白布封堵，并用布带扎紧；大口径阀门可采用防火布或塑料薄膜封堵，并用布带扎紧。

（3）阀门解体后，要对螺栓、螺帽、垫片、阀门部件进行检查核对并登记。

（4）阀门组装前，对管道和阀门内部进行检查，依据阀门安装质量计划，确认无异物后方可组装。

（5）组装完成后，对部件数量进行核对。不符合立即查找，未找到应立即上报。

（三）班组质量管理与问题处理

1. 班组质量管理

"安装"施工是核电建设过程中的最后一个环节，"安装"施工的质量直接影响着核电站的建造质量，所以说，"安装"施工班组是核电质量的直接缔造者，是确保核电质量的最后一道"屏障"。核电站的安全运营关系到国家的长治久安和人民群众的生命安全。

（1）如何做好班组的施工质量管理工作

① 提升员工的质量意识，员工的质量意识对施工质量会产生直接影响。

② 明确班组质量管理责任，按照"谁施工、谁负责"的原则，分解班组施工质量管理责任。

③ 严控"越点"事件。"越点"施工是"最不可原谅"的事情，它将导致核电建设质量无法受控。

④ 做好施工过程中的质量检查工作，班长应组织做好施工过程中的"自检""互检"工作。

2. 如何提高员工的质量意识

反复向员工灌输"质量第一"的思想：核电建设质量是关系到国家长治久安和人民群众生命安全的大事，核电无小事，马虎不得，切莫做千古罪人。让员工从内心深处对核电建设产生"敬畏"和"如履薄冰"的意识。

3. 学习程序和经验反馈案例法

（1）反复学习程序：对于新入场的员工，要让他们反复学习有关的程序，并在具体的工作实践中去切身体会。

（2）说给他听：告诉员工如何做才符合核电建设的质量要求，怎么做是违反核电建设的质量要求，让员工知道他们"能怎么做，不能怎么做"。

（3）多案例教育：通过班前会，宣贯、分析经验反馈案例，或者用"模拟"场景的方式，让员工对"能怎么做，不能怎么做"有切身体会。

（4）多总结：多让员工做工作总结，不断在总结中增强质量意识。

4. 班组长如何严控"越点"事件

（1）班组长要清楚了解质量跟踪文件的"设点"情况，及时提醒作业组长、员工正确地按照质量跟踪文件规定的操作步骤施工、消点。

（2）班组长要经常翻阅质量跟踪文件，对于长期未消的"点"，在相应施工活动开始前，要提前提醒作业组长、员工及时组织"消点"。

（3）消点前的准备工作要做得充分。

（4）班长要提前发布消点通知，并就消点时间、地点提前和QC1人员、QC2人员沟通，确保能够按时"消点"，尽可能不积压"点"。

5. 确保员工不"超资格"施工

（1）建立人员资格清单（尤其是特殊工种）：班组长每人应有一本本班组人员资格清单（尤其是焊工），在分配施工任务时经常翻阅，严格按照员工的授权资格分配施工任务，不蛮干，杜绝"无资格"施工现象。

（2）班组长在巡查过程中要重点关注特殊工种。

6. 做好施工过程中的质量检查

（1）对于重要的施工活动，班长应提前介入物项到货后的开箱检查阶段，提前发现工程物项存在的问题。对于已运至施工现场的、重要的工程物项，可以采取预安装或者预组装的形式，检查物项/设备质量是否满足施工要求。

（2）班长可在班组内建立质量责任制，"谁施工、谁负责"，作业组长承担本组的施工质量管理责任，班组内若发生质量事件，班长本着客观、公正的态度按照"四不放过"原则，认真组织查找原因，拟定纠正措施，客观、公正处理。

（3）班长在班组内推行"互检"，让各作业组长、班组成员相互检查、相互学习。

（4）班长要重视"自检"环节，认真组织开展自检，对施工过程的重要环节、施工记录（质量跟踪文件的填写等）进行重点检查。

7. 班前会管理

（1）会前准备：

① 开班前会前，施工队班组长组织班组人员对施工所需的文件、工机具进行检查，看是否均能满足现场使用，做好自查工作。

② 班组长确定施工人员是否已进行良好的培训且已合格。

③ 班组长检查材料标识能否正确识别，防止混用误装。

④ 班组长对当天施工项目进行分析，识别其存在的质量风险、重点工艺、工艺难点并填写识别表。

（2）班前会的召开：

① 班组长讲述当日的工作区域或活动范围。

② 班组长对会前识别的施工重、难点及潜在的风险进行详细的交底，让施工人员在实际施工过程中高度关注，避免质量事件的发生。

③ 班组长根据内外部经验反馈、良好的实践经验，结合当天的施工内容，介绍相关的经验教训。

8. 施工中常见问题的处理

（1）现场管段安装余长切除不合理，导致管段焊口无法焊接

处理流程：施工班组应及时通知技术人员，由技术人员发出 CRF，待 CRF 回复后执行；施工前应严格按照图纸检查。

（2）现场工程物项材料保管不善，造成丢失

处理流程：现场人员及时反馈给技术人员，由技术人员提交补供申请，严禁使用来源不明的材料代替。

（3）管道焊口在支架上或离支架距离不满足要求；管道坡度不满足规定要求

处理流程：施工前，要仔细审阅图纸，如发现此类问题应及时澄清；沿管道走向在管段的始末端按设计坡度拉线，根据要求确定支吊架位置。在管道组对时注意调整管道坡度。

（4）为赶进度，存在"先施工，后签点"的侥幸心理，质量控制意识不够强，导致越点施工

处理流程：不越点施工。W/H 点，必须在施工前发出通知；有 H 点的施工工序，经过设置 H 点的部门检查确认签字后，方可进行下一步施工。

（5）班组未申请 Y、Z 口申请单以及控制单，便对焊口切割、焊接焊口或焊口校正

处理流程：班组应反馈给技术人员，由技术人员到 TS 申请控制单，在施工前发出消点通知单，待 QC 检查员消点后方可施工。

（6）施工班组错用同尺寸不同壁厚的管段，且私自打磨阀门，以满足焊接

处理流程：施工前应认真核实材料的标识，在发现错用材料后，及时发出澄清，按澄清回复处理，严禁班组私自处理。

> **思考与练习**

1. 对新进场员工的三级安全教育指的是哪三级教育？
2. 安全管理的重要性是指哪些方面？
3. 为什么要召开班前会？
4. 班前会的主要内容有哪些？
5. 简述施工场地 6S 管理的主要内容。
6. 班组长如何严控"越点"事件？

参考文献

[1] 建设部人事教育司. 管道工[M]. 北京：中国建筑工业出版社，2006.

[2] 皮东海. 管道安装工艺与技能训练[M]. 北京：中国劳动社会保障出版社，2015.

[3] 建造师执业资格考试用书编写委员会. 机电工程管理与实务[M]. 北京：中国建筑工业出版社，2023.

附录　管道安装工程经验反馈

一、工程质量（施工安全）事故调查报告的写作格式

（一）工程质量事故调查报告

（1）工程概况：介绍事故的有关工程情况。
（2）事故情况：事故发生的时间、性质、现状及发展变化的情况。
（3）是否采取应急防护措施。
（4）事故调查中收集的相关资料数据。
（5）事故发生的原因及初步分析和直接经济损失。
（6）事故责任人的处理。
　质量事故处理流程如附图1所示。

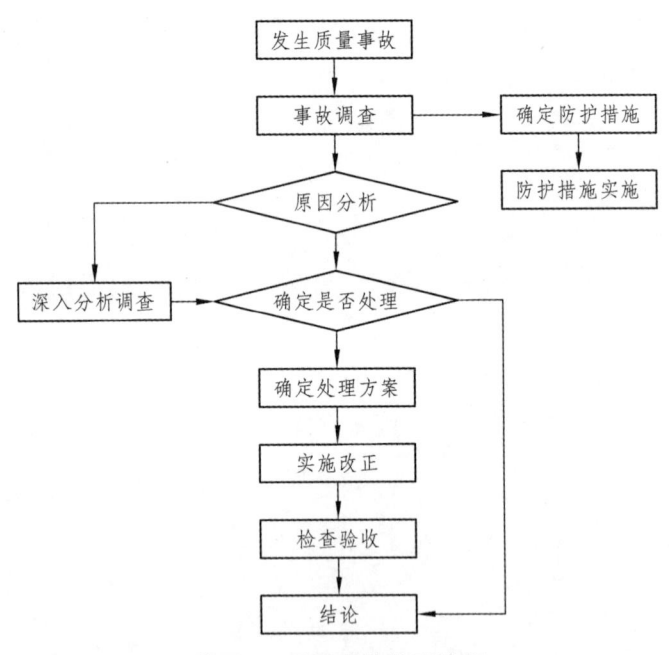

附图1　质量事故处理流程

（二）工程施工安全事故调查报告

由企业 HSE 部门组织技术、安全、人事、工会等部门相关人员，成立事故调查组进行调查。若属重大事故须上报上级主管部门和政府安监部门共同进行调查。工作程序和内容如下：

(1)现场勘查:① 笔录;② 实物拍照。

(2)现场绘图。

(3)分析事故原因及确定事故性质:通过认真调查分析,找出发生事故的原因,以便从中吸取教训,采取相应的措施,防止类似事件的发生,并使群众受到教育,做到"四不放过"。其步骤如下:

① 查阅事故调查资料。

② 按以下 7 项内容进行分析:受伤部位、受伤性质、起因物、制害物、受伤方式、不安全状态和行为。

③ 确定事故的直接原因。

④ 确定事故的间接原因。

⑤ 确定事故的责任人。

(4)事故调查报告:

① 事故发生的时间、地点、伤亡人数和伤害程度。

② 事故发生的经过、主要原因和次要原因。

③ 事故的责任分析结果和对责任人的处理意见。

④ 事故损失估算和直接经济损失。

⑤ 应吸取的教训以及采取的措施、意见和建议。

(5)伤亡事故的调查及处理制度。

(6)事故的结案归档。

二、案例分析

(一)3K10 区管道安装现场经验反馈

1. 前言

K10 是核岛安装开工最早的区域,其中 K014、K015、K016 为核岛安装最早的施工房间(尤其是 K014、K016 房间)。

2. 管道安装的主要工作内容

(1)关于 V9 墙体上用于 24″RRI 管线穿墙的 4 个墙洞处的预埋板,要求土建部门严格按照设计要求预埋板上钻孔,并在土建施工阶段严格保护好螺纹;同时建议管道支架采用车间钻螺纹孔。

(2)K111 的 RRI 管道和支架施工需与 EM5 的防火风管和支架施工紧密配合作业,双方配合、交叉施工。

(3)K017、K117 应尽早移交安装。

(4)K114 房间里的消防管道应在房间移交后尽快施工,否则会与电气托盘相撞。

(5)K014/K016 房间,RRI 系统 $\phi 600$ 进口蝶阀与国产的长度不一致,需落实阀门与等轴图上所给的螺栓长度是否一致。

（6）K014 房间 V33 墙处的小管需尽快施工，否则会与通风和电气部件相碰。

（7）K014 房间，V9 和 V33 墙的夹角处，有一个 3 吨多的大支架，需尽早放线，并及时对锚固螺栓的部分进行在墙体上钻孔，否则管道落位后无法钻孔。

（8）K011 房间，阀门 3EAS008VB/3EAS010VB 需在泵 3EAS002 PO 落位前引入，阀门需通过泵的土建预埋电机孔。

（9）K015 房间，要求土建在 3EAS001BA 引入落位后，尽快介入完成钢结构的全部施工，很多支架均生根在土建钢结构上。

（10）K016 高空的不锈钢大管在通往 W211 孔洞处，需预先把 W211 房间 3W09 的支架膨胀螺栓孔进行钻孔，否则待不锈钢大管落位后，W211 房间底部的支架将无法钻孔。

（11）K017、K117 房间的夹套管管道、连接贯穿件的 4 个大阀门一定要在 K017、K117 房间封顶前引入。

（12）BN3K10078 中应注意施工逻辑，必须把水平管道定位好，然后测量好与上游图纸 BN3K10077 的横口的定位，保证 BN3K10078 中的 M1 和 M5 的焊接。

（13）注：二期由于供货的原因，没有注意好施工逻辑，曾经把 M1 切开过。

（二）关于 4REN 系统无票作业事件

1. 事件描述

2015 年 9 月 21 日，工程公司安质部监督组在对××项目实施调试试验管理有效性专题监督时发现，阀门分队员工包某在 4REN 系统上进行阀门漏气消缺工作，但并未根据程序办理工作许可证，属无票作业。

2. 事件调查

2015 年 09 月 18 日，某工程公司发布 AWNBCME818770D，要求施工单位尽快清除 4REN 系统 3T 意见项，计划时间从 2015 年 09 月 21 日至 10 月 16 日。同日，工程部收到该工作指令，并于 2015 年 09 月 21 日完成编制并分发给施工队，PEWI 编号为 PEWI-PT-21865。

2015 年 09 月 21 日，阀门分队负责人将 AWNBCME818770D 工作指令附页中的意见项清单交由班长吕某负责，班长吕某将 4REN 系统阀门漏气消缺工作安排给包某进行施工，包某在未获得工作许可证的情况下，对 4REN 系统进行阀门漏气消缺工作，工程公司安质部监督组现场巡检，发现阀门分队员工在施工消缺过程中未办理工作许可证。

3. 原因分析

（1）直接原因：

阀门分队施工人员在施工过程中未办理工作许可证。

（2）间接原因：

①阀门分队对尾项消除管理不到位，在未办理工作许可证的情况下安排现场施工作业。

② 阀门分队施工人员质量意识淡薄，在未办理工作许可证的情况下就进行现场施工作业。

③ 阀门分队的经验反馈有效性不足，项目部已于 2015 年 4 月组织开展了工作票管理专项经验反馈，但在施工过程中仍未办理工作许可证。

4. 整改措施

（1）对管道队打开 AB-QA/CAR15-002。

（2）加强作业人员的核安全文化意识培训，管道队组织阀门分队所有人员再次组织工作票管理的专项学习，并组织检查学习效果，强调无票、超票作业的风险和后果，确保掌握工作票管理的要求。

（3）各施工队加强施工管理，要求工作负责人在每日的早班会对当天的工作进行布置，对存在的风险进行辨识，并检查工作准备情况，重点检查工作票的准备情况，未办理工作许可证的情况下，禁止安排现场施工活动，同时加强尾项消缺的过程检查。

（4）组织所有施工人员及质量检查人员对本次事件进行经验反馈学习，再次强调工作票的重要性，防止此类事件再次发生。

5. 处理意见

为严肃施工纪律，顺利完成后续尾项消缺工作，使各级人员清醒地认识到工作票的必要性和重要性，使各级领导、管理人员及员工从思想上充分认识到调试服务的重要性，增强全体员工的核安全文化意识和工作责任心，达到教育本人、警示他人的目的。根据《质量事件的调查、处理与问责》程序及××工程有限公司发布的《安质环奖励和违约管理条例（C版）》和《××工程有限公司安全质量行为十大禁令》要求，按照"四不放过"原则，对此次事件的相关责任人进行相关的处罚。

（三）5.26 高处坠落事故调查报告

事故发生时间：2010 年 5 月 26 日 9:30。

事故发生地点：××项目部施工现场 NE181 房间。

事故发生单位：管道队。

受伤人员情况：王×，男，现年 40 岁，管工。

受伤人员受教育情况：接受过入场三级安全教育。

1. 事故经过

2010 年 5 月 26 日上午，管道队 3 名职工在 N80 区进行放线测量工作（注：该房间还未正式移交安装），9:30 左右组长陈×及另外一名职工上去配合测量工作。留下王×一人在 NE181 房间熟悉图纸，当时图纸平铺在坠落孔洞的盖板上，由于图纸放置位置光线不足，王×想将图纸移到前方光线充足处，怕将图纸弄脏，王×将图纸连同盖板一同移动（移动时未意识到此木板为孔洞盖板），在抬起盖板向前推移时左腿迈出踩在孔洞上方，王×坠落在孔洞下方 NE085 房间，坠落高度为 3.3 m。王×坠落约 10 分钟后被公司一名员工发现并遇到项目部工程师××，告知事故发生情况，该区域安全监督管理人员将受伤职工王×背出厂房后立即送往县人民医院，经医院诊断为"左腿胫骨平台骨折"。

2. 事故原因分析

（1）直接原因：

王×安全意识淡薄，擅自移动孔洞盖板且移动前未意识到此木板为孔洞盖板。

（2）间接原因：

① 王×在施工作业前对现场的检查不足，没有充分了解现场情况。

② 早班会开展缺乏质量。通过对陈×及王×本人问询调查，该班组在当天早班会上未对施工活动及安全注意事项进行详细阐述，只是流于形式在风险分析单上进行签到。

③ 孔洞上虽然有盖板，但是盖板没有明确标识。

3. 责任分析

（1）管道队职工王×擅自移动孔洞盖造成高处坠落，王×本人安全意识淡薄，对安全防护措施缺乏认知，擅自移动孔洞防护盖板，应对此事故负直接责任。

（2）组长陈×在当天早班会上未对施工活动及安全注意事项进行详细分析和宣贯，早班会开展缺乏质量，流于形式，应对此次事故负主要领导责任。

（3）分队长管理不到位，应对此次事故负一定领导责任。

4. 事故直接经济损失

事故直接经济损失待统计。

5. 对事故责任人员处理意见

根据项目部《安全生产奖惩管理规定》的有关规定，建议：

（1）对事故直接责任者，管道队职工王×罚款300元。

（2）对事故主要领导责任者，管道队组长陈×罚款200元。

（3）对事故次要领导责任者，管道队分队长罚款200元。

6. 整改措施

（1）对NE181房间孔洞盖板进行恢复，防止其他人员发生类似事故。

（2）对王×进行安全教育，教育其要加强个人安全意识，施工前要充分了解施工区域情况，不得私自移动和拆除安全防护措施。

（3）管道队要加强与HSE部的沟通，尤其是进入未移交区域/厂房进行施工，一定要提前告知安全管理人员。

（4）管道队应加强对职工的安全教育，早班会不得流于形式，同时要加强班组成员内部沟通。

（5）对预移交房间由HSE部安排安全人员提前进入，并对孔洞盖板进行标识，当正式移交安装后应对其进行规范防护。